書いて定着

アウトプット専用問題集

中2数学 図形・データの活用

もくじ

本書の特長と使い方

本書は，成績アップの壁を打ち破るため，
問題を解いて解いて解きまくるための
アウトプット専用問題集です。

次のように感じたことのある人はいませんか？

- ☑ 授業は理解できる
  ➡ **でも問題が解けない！**
- ☑ あんなに手ごたえ十分だったのに
  ➡ **テスト結果がひどかった**
- ☑ マジメにがんばっているけれど
  ➡ **ぜんぜん成績が上がらない**

基本のページ

アウトプットに特化したスタイル

ストレスフリーでどんどん解ける！
問題を解いて解いて解きまくろう！

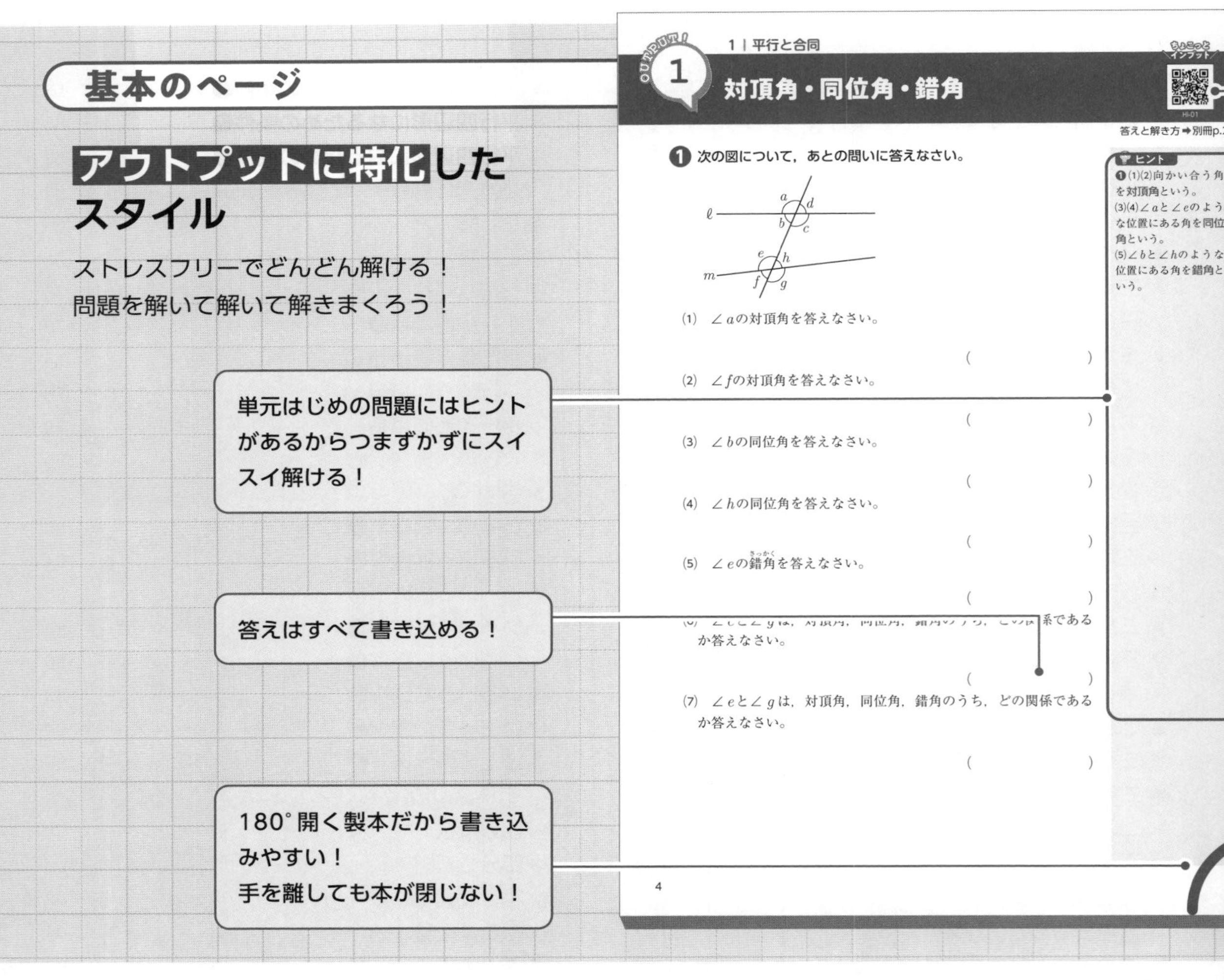

単元はじめの問題にはヒントがあるからつまずかずにスイスイ解ける！

答えはすべて書き込める！

180°開く製本だから書き込みやすい！
手を離しても本が閉じない！

テストのページ

まとめのテスト

数単元ごとに設けています。
これまでに学んだ単元で重要なタイプの問題を掲載しているので，復習に最適です。点数を設定しているので，定期テスト前の確認や自分の弱点強化にも使うことができます。

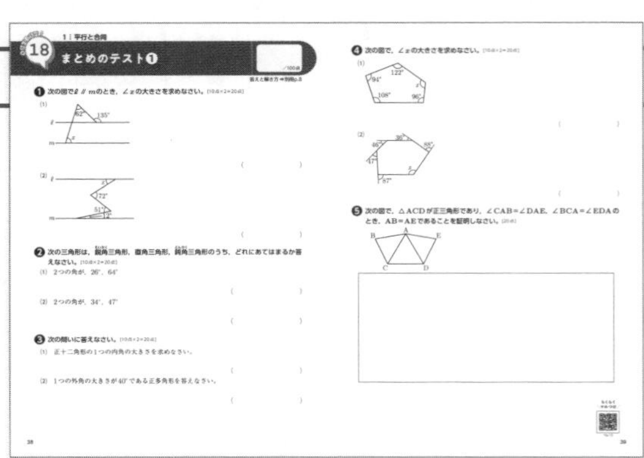

原因は実際に問題を解くという

アウトプット不足

です。

本書ですべて解決できます！

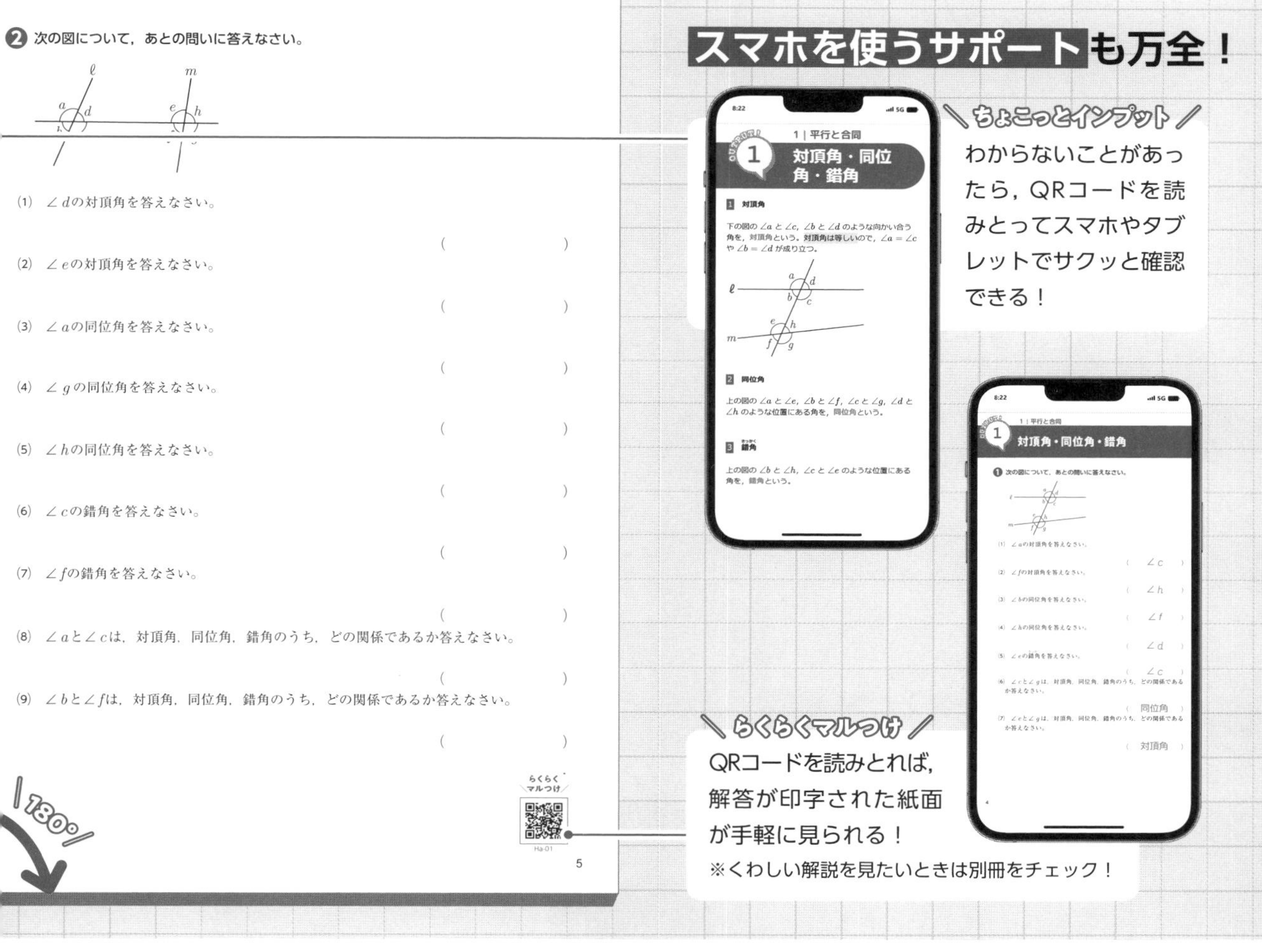

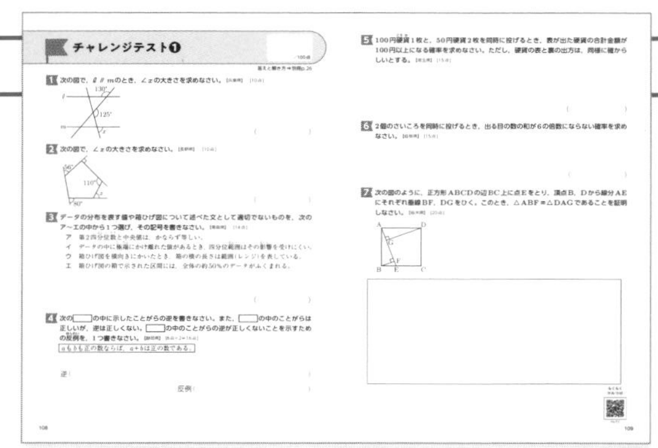

チャレンジテスト

巻末に２回設けています。
簡単な高校入試の問題も扱っているので，自身の力試しに最適です。
入試前の「仕上げ」として時間を決めて取り組むことができます。

●「ちょこっとインプット」「らくらくマルつけ」は無料でご利用いただけますが，通信料金はお客様のご負担となります。●すべての機器での動作を保証するものではありません。●やむを得ずサービス内容に変更が生じる場合があります。● QR コードは(株) デンソーウェーブの登録商標です。

対頂角・同位角・錯角

答えと解き方➡別冊p.2

❶ 次の図について，あとの問いに答えなさい。

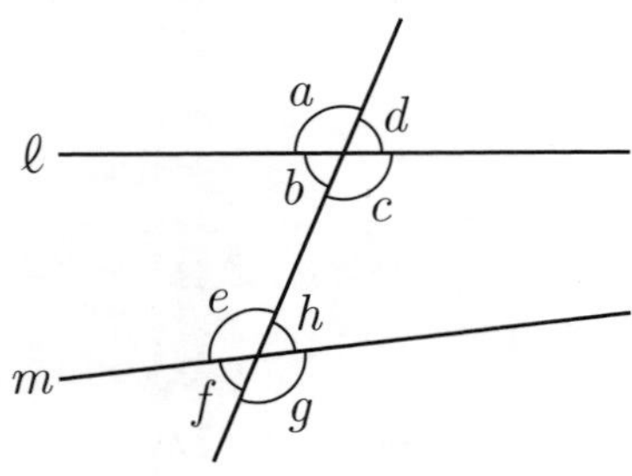

(1)　$\angle a$の対頂角を答えなさい。

(　　　　　　　)

(2)　$\angle f$の対頂角を答えなさい。

(　　　　　　　)

(3)　$\angle b$の同位角を答えなさい。

(　　　　　　　)

(4)　$\angle h$の同位角を答えなさい。

(　　　　　　　)

(5)　$\angle e$の錯角(さっかく)を答えなさい。

(　　　　　　　)

(6)　$\angle c$と$\angle g$は，対頂角，同位角，錯角のうち，どの関係であるか答えなさい。

(　　　　　　　)

(7)　$\angle e$と$\angle g$は，対頂角，同位角，錯角のうち，どの関係であるか答えなさい。

(　　　　　　　)

ヒント

❶ (1)(2)向かい合う角を**対頂角**という。

(3)(4)$\angle a$と$\angle e$のような位置にある角を**同位角**という。

(5)$\angle b$と$\angle h$のような位置にある角を**錯角**という。

❷ 次の図について，あとの問いに答えなさい。

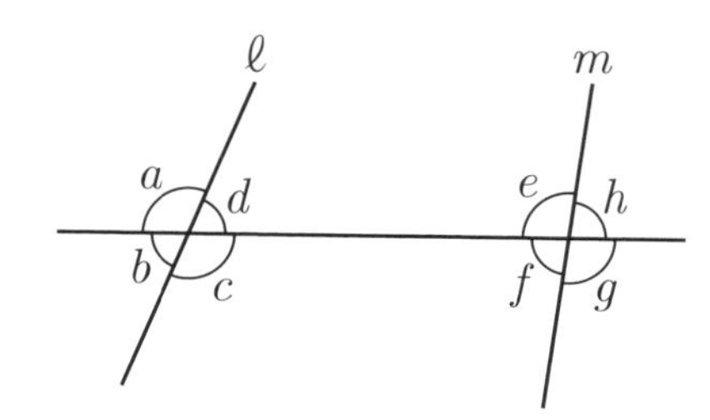

(1) $\angle d$の対頂角を答えなさい。

（　　　　　　）

(2) $\angle e$の対頂角を答えなさい。

（　　　　　　）

(3) $\angle a$の同位角を答えなさい。

（　　　　　　）

(4) $\angle g$の同位角を答えなさい。

（　　　　　　）

(5) $\angle h$の同位角を答えなさい。

（　　　　　　）

(6) $\angle c$の錯角を答えなさい。

（　　　　　　）

(7) $\angle f$の錯角を答えなさい。

（　　　　　　）

(8) $\angle a$と$\angle c$は，対頂角，同位角，錯角のうち，どの関係であるか答えなさい。

（　　　　　　）

(9) $\angle b$と$\angle f$は，対頂角，同位角，錯角のうち，どの関係であるか答えなさい。

（　　　　　　）

らくらく
マルつけ
Ha-01

平行線と同位角・錯角

答えと解き方➡別冊p.2

1 次の図で$\ell \parallel m$のとき，あとの問いに答えなさい。

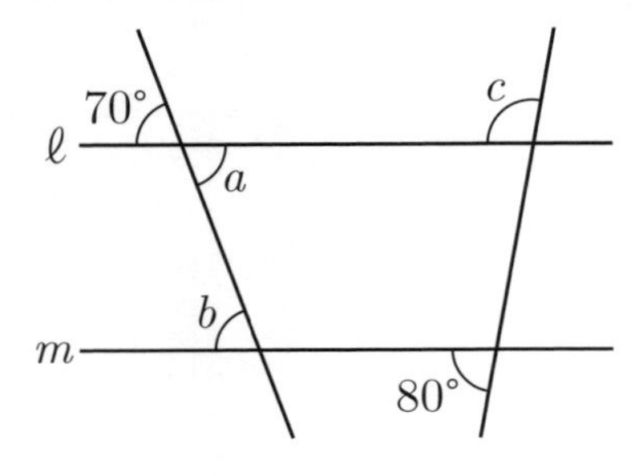

(1) $\angle a$の大きさを求めなさい。

(　　　　　　　　)

(2) $\angle b$の大きさを求めなさい。

(　　　　　　　　)

(3) $\angle c$の大きさを求めなさい。

(　　　　　　　　)

2 次の図で$\ell \parallel m$のとき，あとの問いに答えなさい。

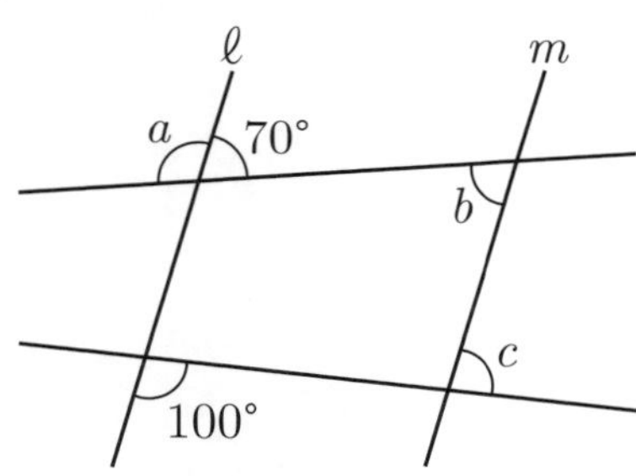

(1) $\angle a$の大きさを求めなさい。

(　　　　　　　　)

(2) $\angle b$の大きさを求めなさい。

(　　　　　　　　)

(3) $\angle c$の大きさを求めなさい。

(　　　　　　　　)

ヒント

1 (1)対頂角は等しい。
(2)$\ell \parallel m$より，同位角は等しい。
(3)$\angle c$の同位角の大きさを求める。

2 (1)$\angle a + 70° = 180°$
(2)$\ell \parallel m$より，錯角(さっかく)は等しい。
(3)$\angle c$の同位角の大きさを求める。

❸ 次の図で$\ell \parallel m$のとき，あとの問いに答えなさい。

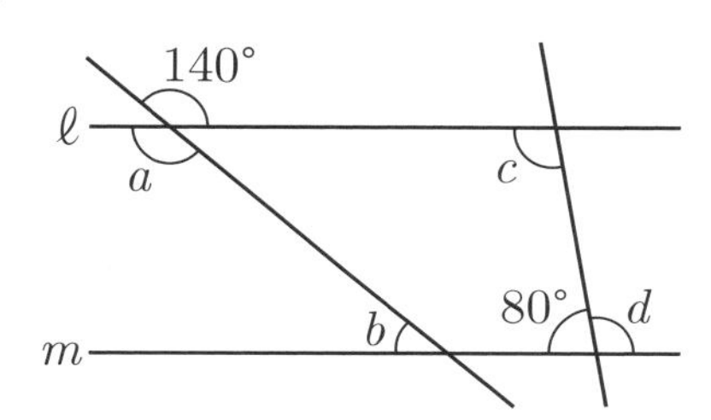

(1) $\angle a$の大きさを求めなさい。

(　　　　　　　　)

(2) $\angle b$の大きさを求めなさい。

(　　　　　　　　)

(3) $\angle c$の大きさを求めなさい。

(　　　　　　　　)

(4) $\angle d$の大きさを求めなさい。

(　　　　　　　　)

❹ 次の図で$\ell \parallel m$のとき，あとの問いに答えなさい。

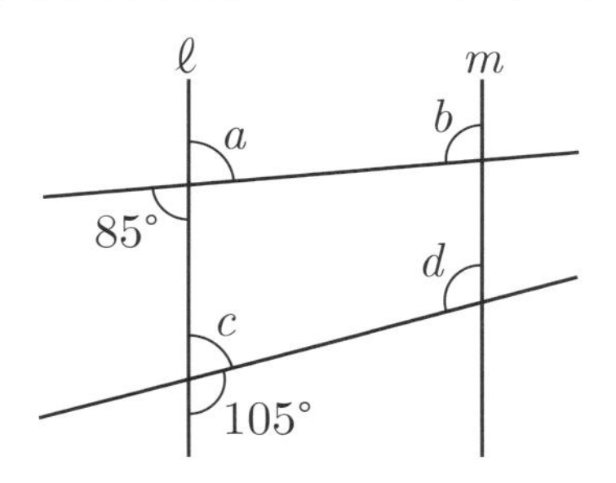

(1) $\angle a$の大きさを求めなさい。

(　　　　　　　　)

(2) $\angle b$の大きさを求めなさい。

(　　　　　　　　)

(3) $\angle c$の大きさを求めなさい。

(　　　　　　　　)

(4) $\angle d$の大きさを求めなさい。

(　　　　　　　　)

らくらく
マルつけ

Ha-02

3 平行線になるための条件

答えと解き方➡別冊p.2

1 次の図について，あとの問いに答えなさい。

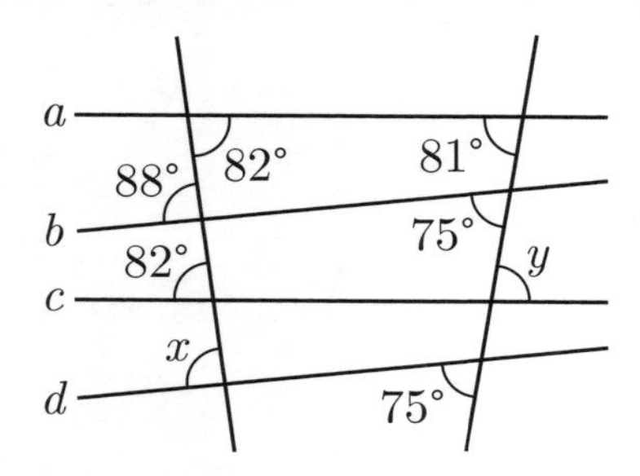

(1) 平行な2組の直線を，//の記号を使って答えなさい。

(　　　　　　　　　　)

(2) $\angle x$の大きさを求めなさい。

(　　　　　　　　　　)

(3) $\angle y$の大きさを求めなさい。

(　　　　　　　　　　)

2 次の図について，あとの問いに答えなさい。

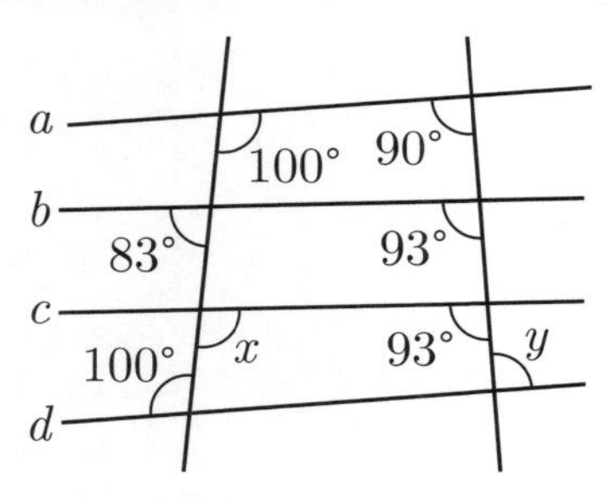

(1) 平行な2組の直線を，//の記号を使って答えなさい。

(　　　　　　　　　　)

(2) $\angle x$の大きさを求めなさい。

(　　　　　　　　　　)

(3) $\angle y$の大きさを求めなさい。

(　　　　　　　　　　)

ヒント

1 (1)同位角や錯角（さっかく）が等しい直線の組を見つける。
(2)(3)平行な2直線の同位角や錯角が等しいことを利用する。

2 (1)同位角や錯角が等しい直線の組を見つける。
(2)(3)平行な2直線の同位角や錯角が等しいことを利用する。

❸ 次の図について，あとの問いに答えなさい。

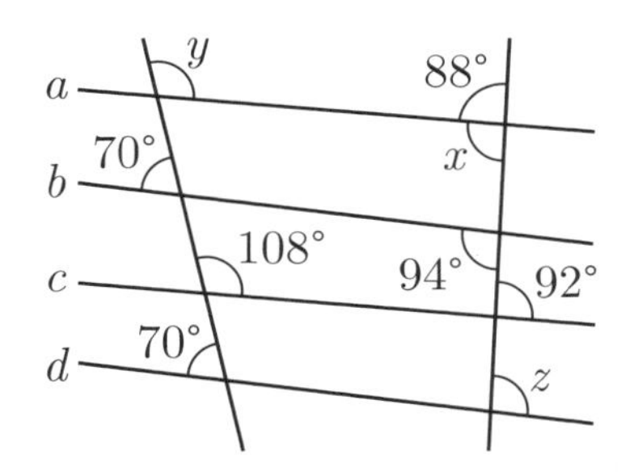

(1) ∠xの大きさを求めなさい。

(　　　　　　　　　　)

(2) 平行な2組の直線を，//の記号を使って答えなさい。

(　　　　　　　　　　)

(3) ∠yの大きさを求めなさい。

(　　　　　　　　　　)

(4) ∠zの大きさを求めなさい。

(　　　　　　　　　　)

❹ 次の図について，あとの問いに答えなさい。

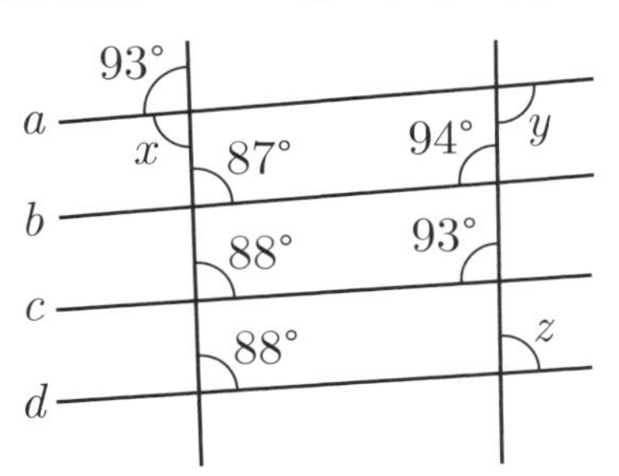

(1) ∠xの大きさを求めなさい。

(　　　　　　　　　　)

(2) 平行な2組の直線を，//の記号を使って答えなさい。

(　　　　　　　　　　)

(3) ∠yの大きさを求めなさい。

(　　　　　　　　　　)

(4) ∠zの大きさを求めなさい。

(　　　　　　　　　　)

らくらく
マルつけ

Ha-03

角の大きさ❶

答えと解き方➡別冊p.3

❶ 次の図で$\ell \parallel m$のとき，$\angle x$の大きさを求めなさい。

(1)

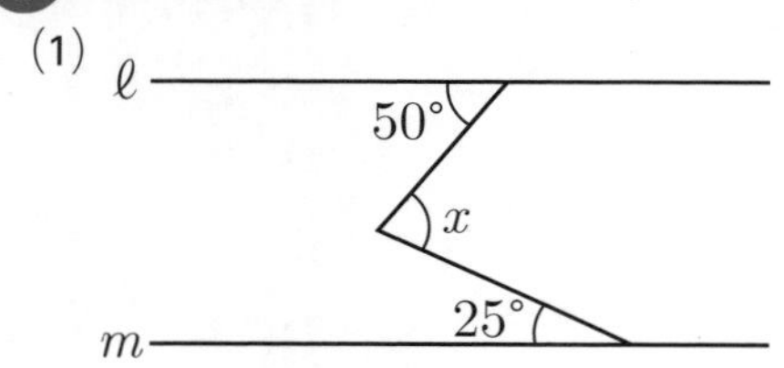

(　　　　　　　　　　)

(2)

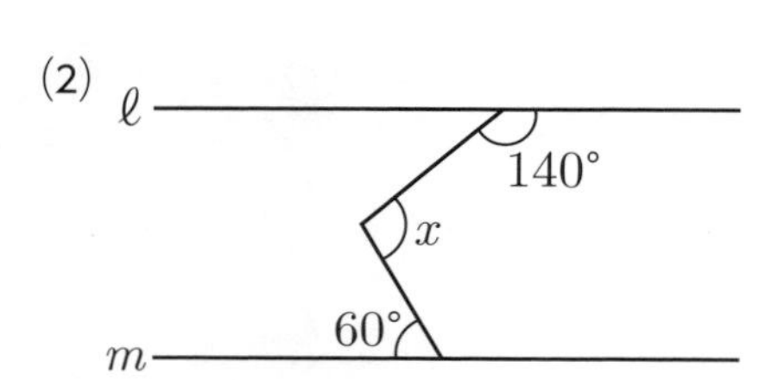

(　　　　　　　　　　)

(3)

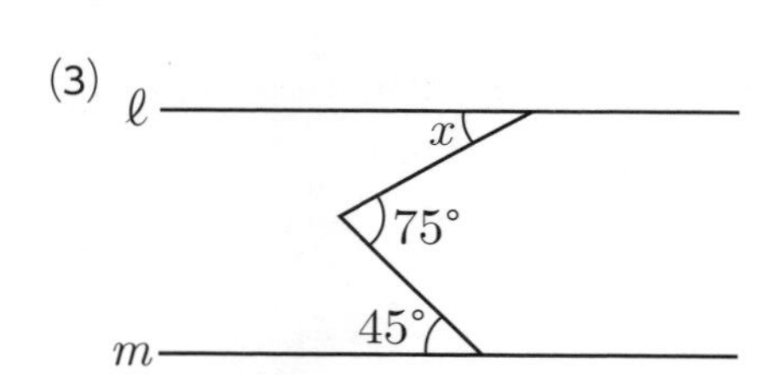

(　　　　　　　　　　)

(4)

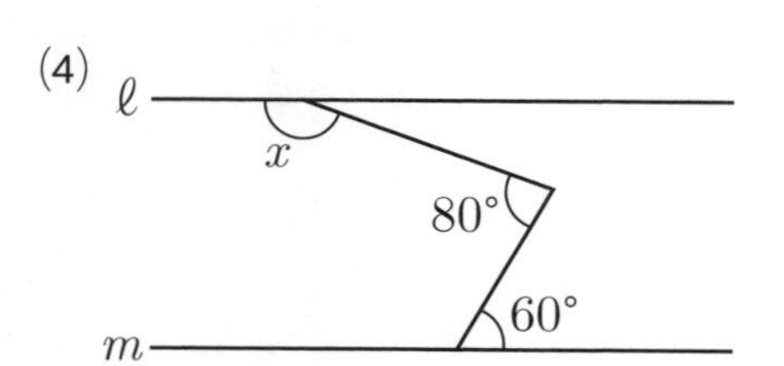

(　　　　　　　　　　)

ヒント

❶ 図の中央の角の頂点を通り，直線ℓに平行な直線をひいて，平行な直線どうしの同位角や錯角（さっかく）が等しいことを利用する。

❷ 次の図で$\ell \parallel m$のとき，$\angle x$の大きさを求めなさい。

(1)

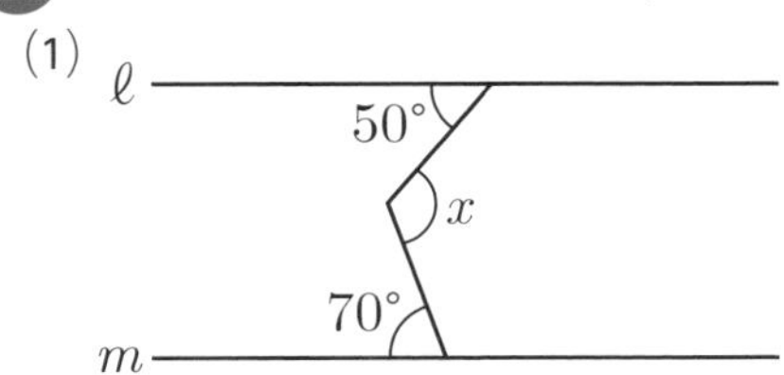

(　　　　　　　　　)

(2)

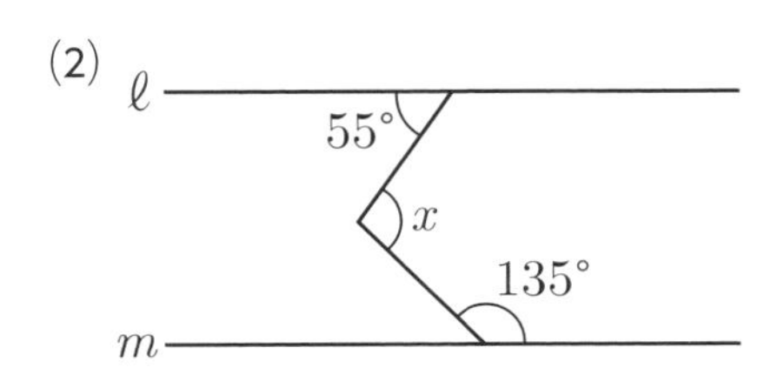

(　　　　　　　　　)

(3)

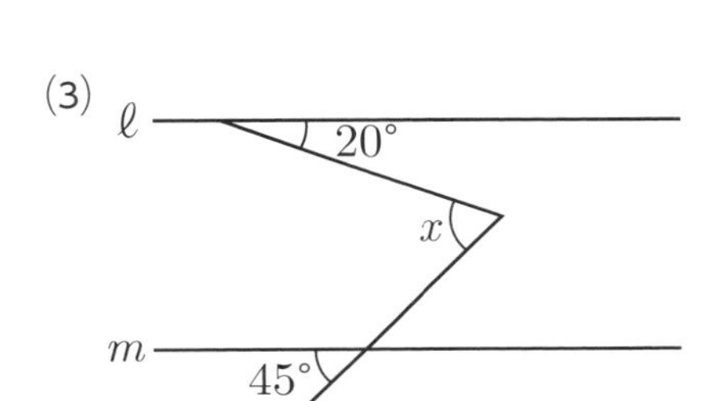

(　　　　　　　　　)

(4)

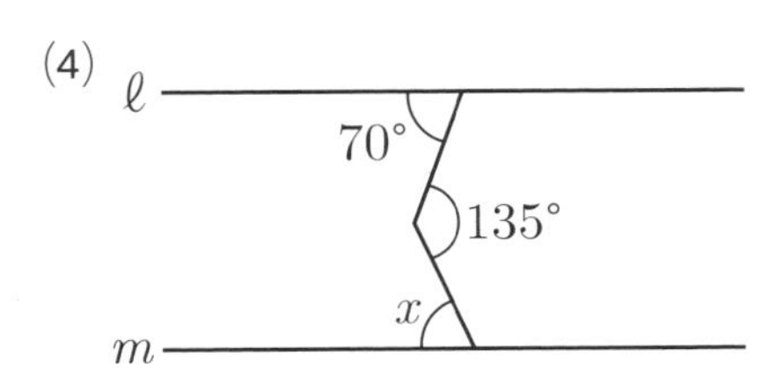

(　　　　　　　　　)

(5)

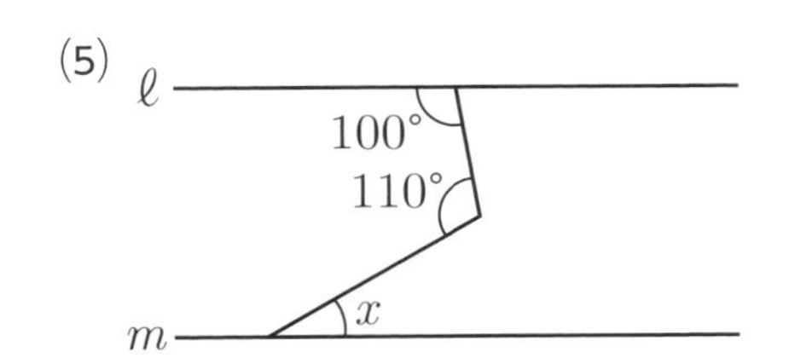

(　　　　　　　　　)

らくらく
マルつけ

Ha-04

角の大きさ❷

答えと解き方➡別冊p.3

❶ 次の図でℓ // mのとき，∠xの大きさを求めなさい。

(1)

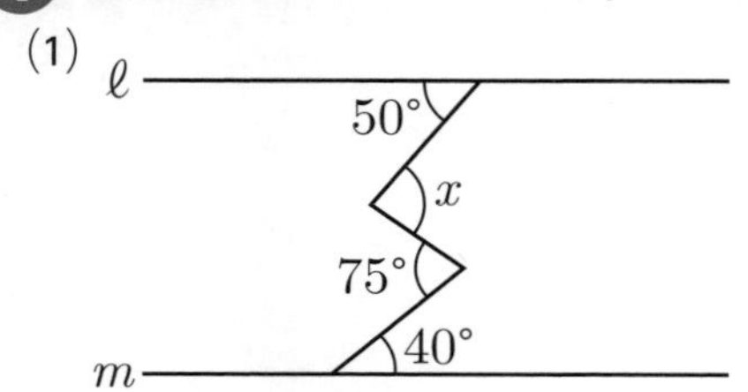

(　　　　　　　　)

(2)

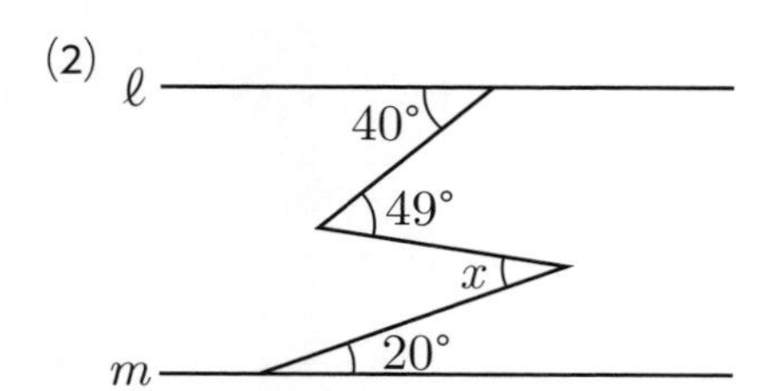

(　　　　　　　　)

(3)

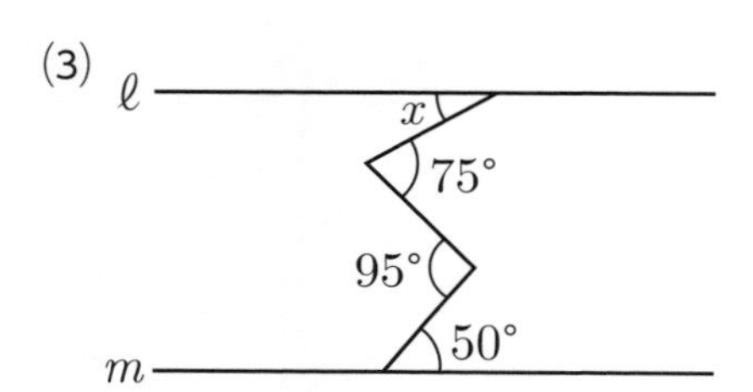

(　　　　　　　　)

(4)

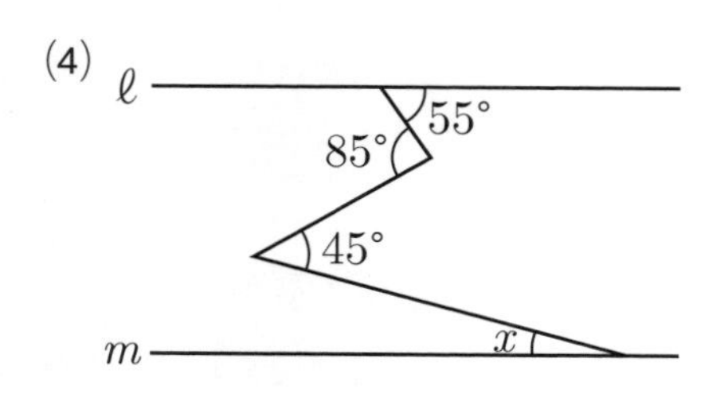

(　　　　　　　　)

ヒント

❶ 図の中央の２つの角それぞれに，角の頂点を通り，直線ℓに平行な直線をひいて，平行な直線どうしの同位角や錯角（さっかく）が等しいことを利用する。

❷ 次の図で$\ell \parallel m$のとき，$\angle x$の大きさを求めなさい。

(1)

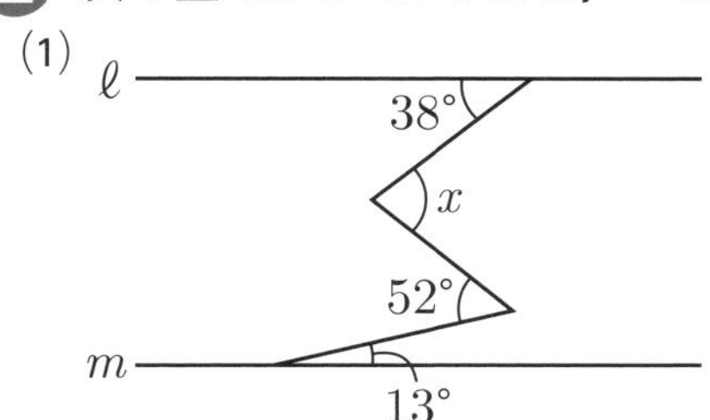

(　　　　　　　)

(2)

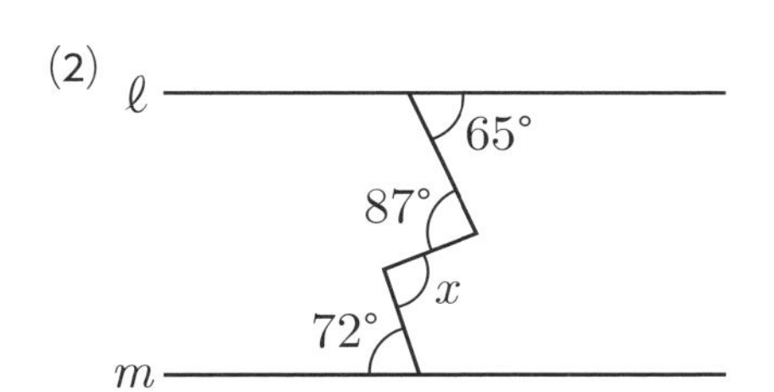

(　　　　　　　)

(3)

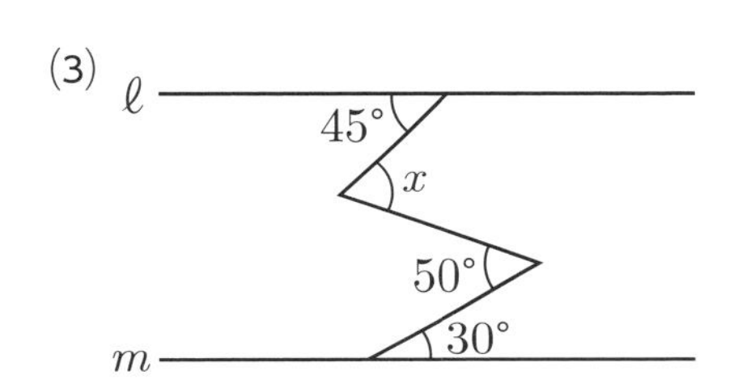

(　　　　　　　)

(4)

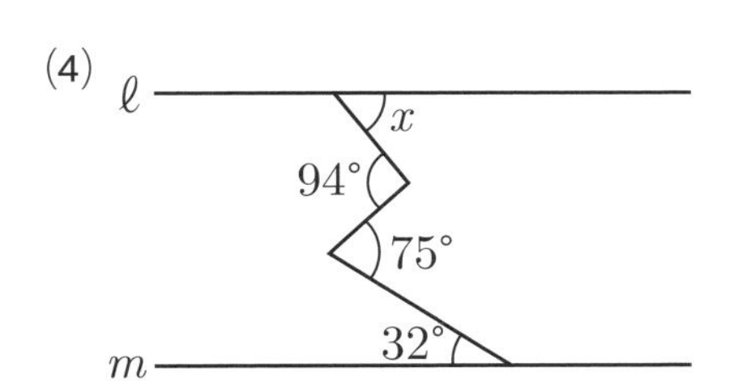

(　　　　　　　)

(5)

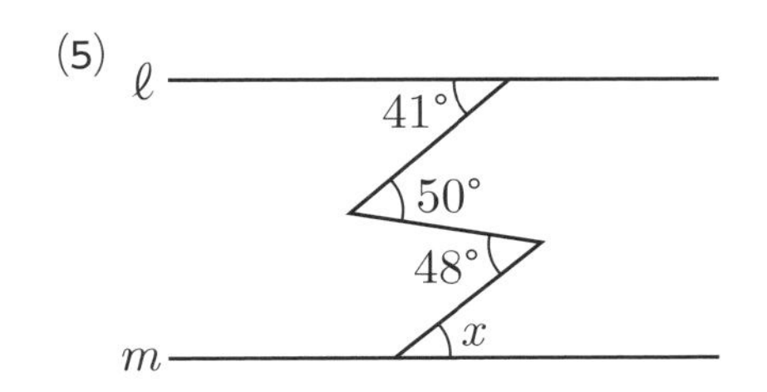

(　　　　　　　)

らくらく
マルつけ

Ha-05

三角形の内角・外角の性質

答えと解き方➡別冊p.3

❶ 次の図で，$\angle x$ の大きさを求めなさい。

(1)

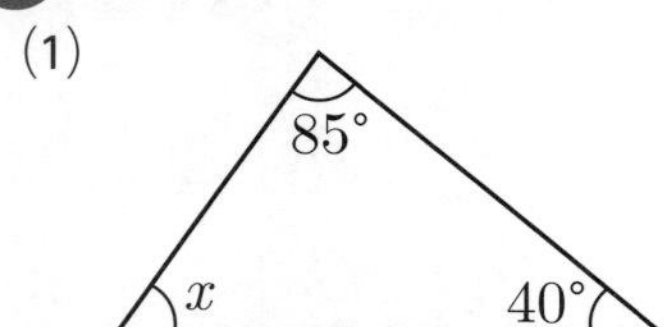

(　　　　　　　　)

(2)

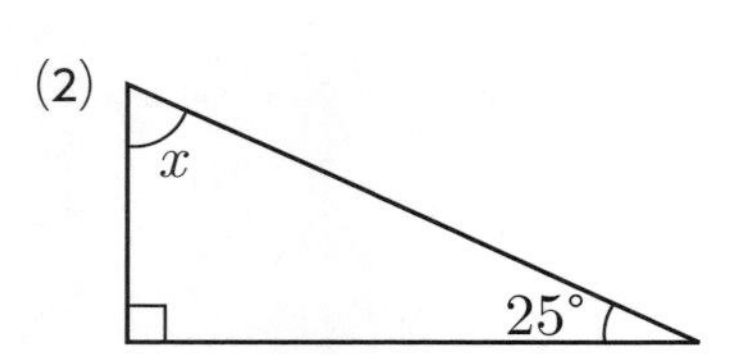

(　　　　　　　　)

(3)

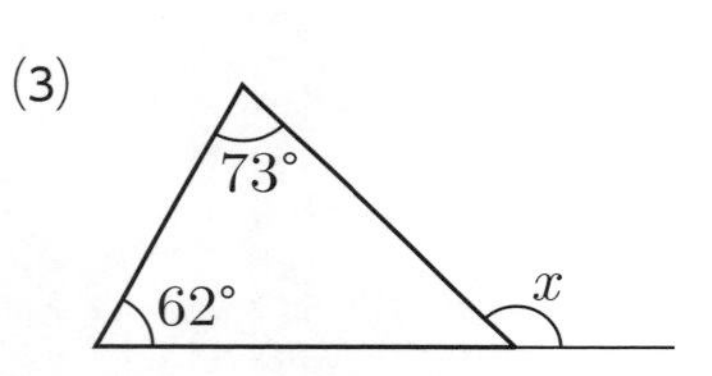

(　　　　　　　　)

(4)

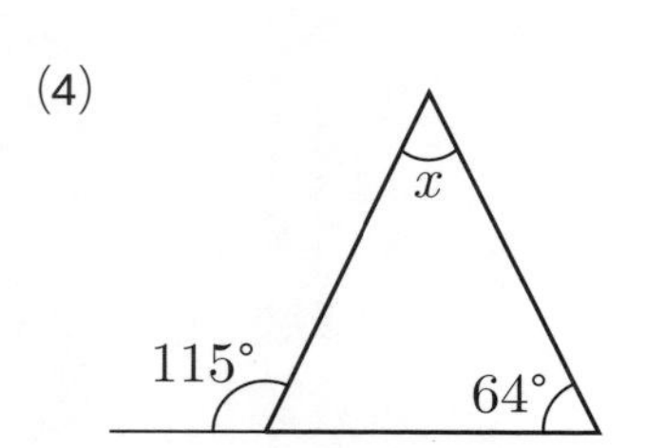

(　　　　　　　　)

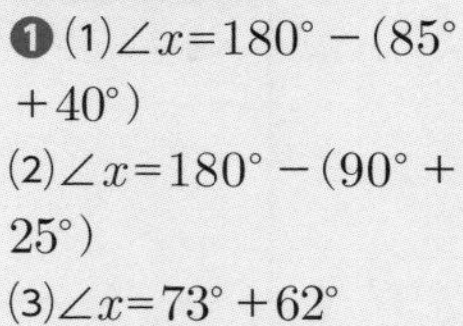

ヒント

❶ (1) $\angle x = 180° - (85° + 40°)$

(2) $\angle x = 180° - (90° + 25°)$

(3) $\angle x = 73° + 62°$

(4) $\angle x + 64° = 115°$

❷ 次の図で，$\angle x$ の大きさを求めなさい。

(1)

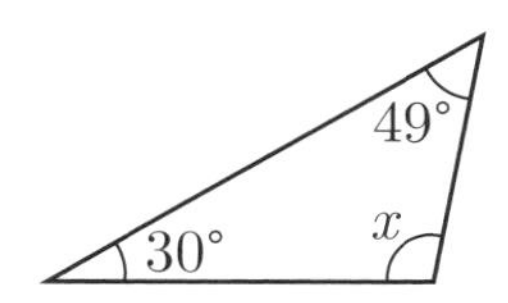

(　　　　　　　　)

(2)

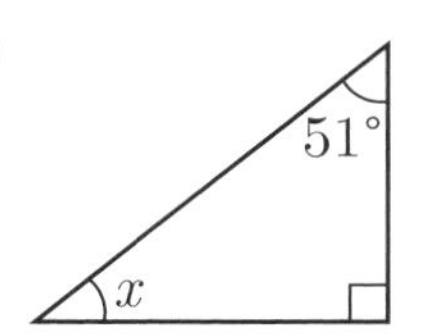

(　　　　　　　　)

(3)

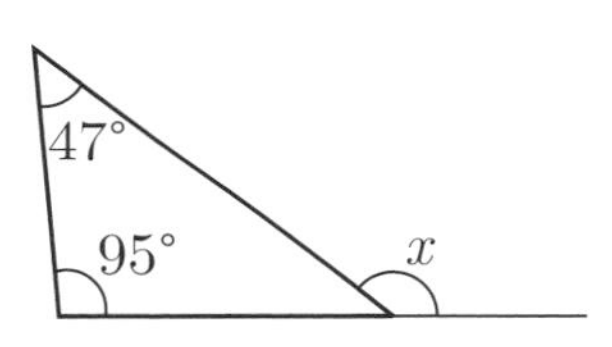

(　　　　　　　　)

(4)

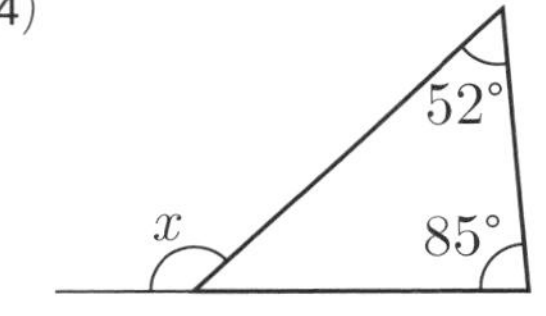

(　　　　　　　　)

(5)

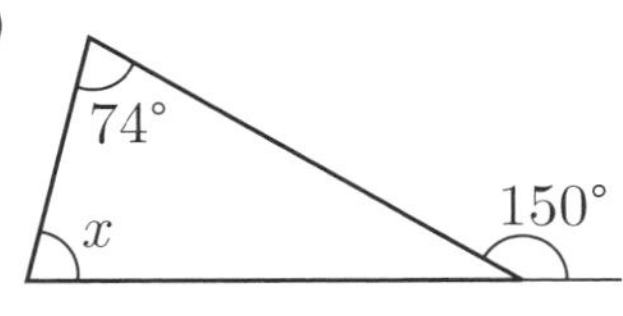

(　　　　　　　　)

らくらく
マルつけ

Ha-06

三角形の種類

答えと解き方➡別冊p.3

❶ 次の角は，鋭角(えいかく)と鈍角(どんかく)のどちらであるか答えなさい。

(1) 30°

( )

(2) 120°

( )

(3) 85°

( )

❷ 次の三角形は，鋭角三角形，直角三角形，鈍角三角形のうち，どれにあてはまるか答えなさい。

(1) 3つの角が，40°，60°，80°

( )

(2) 3つの角が，20°，50°，110°

( )

(3) 2つの角が，35°，55°

( )

(4) 2つの角が，25°，50°

( )

(5) 2つの角が，35°，75°

( )

ヒント

❶ 0°より大きく90°より小さい角を**鋭角**，90°より大きく180°より小さい角を**鈍角**という。

❷ すべての角が鋭角であれば**鋭角三角形**，1つの角が直角であれば**直角三角形**，1つの角が鈍角であれば**鈍角三角形**である。
(3)(4)(5)残りの角の大きさを求める。

❸ 次の角は，鋭角と鈍角のどちらであるか答えなさい。

(1) 92°

(　　　　　　　　)

(2) 160°

(　　　　　　　　)

(3) 15°

(　　　　　　　　)

❹ 次の三角形は，鋭角三角形，直角三角形，鈍角三角形のうち，どれにあてはまるか答えなさい。

(1) 3つの角が，32°，58°，90°

(　　　　　　　　)

(2) 3つの角が，45°，48°，87°

(　　　　　　　　)

(3) 2つの角が，25°，70°

(　　　　　　　　)

(4) 2つの角が，14°，68°

(　　　　　　　　)

(5) 2つの角が，46°，53°

(　　　　　　　　)

(6) 2つの角が，27°，61°

(　　　　　　　　)

らくらく
マルつけ

Ha-07

多角形の内角の和

答えと解き方➡別冊p.4

❶ 次の問いに答えなさい。

(1) 正五角形の内角の和を求めなさい。

(　　　　　)

(2) 正五角形の1つの内角の大きさを求めなさい。

(　　　　　)

(3) 正八角形の内角の和を求めなさい。

(　　　　　)

(4) 正八角形の1つの内角の大きさを求めなさい。

(　　　　　)

❷ 次の問いに答えなさい。

(1) 1つの内角の大きさが144°である正多角形を答えなさい。

(　　　　　)

(2) 1つの内角の大きさが150°である正多角形を答えなさい。

(　　　　　)

ヒント

❶ (1) $180° \times (5-2)$
(2)内角の和を5でわって求める。
(3) $180° \times (8-2)$
(4)内角の和を8でわって求める。

❷ (1) n角形であるとすると，内角の和は$144n$であるから，
$180(n-2)=144n$
(2) n角形であるとすると，内角の和は$150n$であるから，
$180(n-2)=150n$

❸ 次の問いに答えなさい。

(1) 正六角形の内角の和を求めなさい。

(　　　　　　　　)

(2) 正六角形の１つの内角の大きさを求めなさい。

(　　　　　　　　)

(3) 正二十角形の内角の和を求めなさい。

(　　　　　　　　)

(4) 正二十角形の１つの内角の大きさを求めなさい。

(　　　　　　　　)

❹ 次の問いに答えなさい。

(1) １つの内角の大きさが140°である正多角形を答えなさい。

(　　　　　　　　)

(2) １つの内角の大きさが156°である正多角形を答えなさい。

(　　　　　　　　)

(3) １つの内角の大きさが160°である正多角形を答えなさい。

(　　　　　　　　)

らくらく
マルつけ

Ha-08

多角形の外角の和

答えと解き方➡別冊p.4

❶ 次の問いに答えなさい。

(1)　正三角形の外角の和を答えなさい。

(　　　　　　　　)

(2)　正三角形の1つの外角の大きさを求めなさい。

(　　　　　　　　)

(3)　正五角形の1つの外角の大きさを求めなさい。

(　　　　　　　　)

❷ 次の問いに答えなさい。

(1)　1つの外角の大きさが45°である正多角形を答えなさい。

(　　　　　　　　)

(2)　1つの外角の大きさが36°である正多角形を答えなさい。

(　　　　　　　　)

(3)　1つの外角の大きさが30°である正多角形を答えなさい。

(　　　　　　　　)

ヒント

❶ (1)どの多角形も外角の和は等しい。
(2)外角の和を3でわって求める。
(3)外角の和を5でわって求める。

❷ (1)n角形であるとすると，外角の和は$45n$である。
(2)n角形であるとすると，外角の和は$36n$である。
(3)n角形であるとすると，外角の和は$30n$である。

❸ 次の問いに答えなさい。

(1) 正六角形の外角の和を答えなさい。

(　　　　　　　)

(2) 正六角形の1つの外角の大きさを求めなさい。

(　　　　　　　)

(3) 正九角形の1つの外角の大きさを求めなさい。

(　　　　　　　)

(4) 正十五角形の1つの外角の大きさを求めなさい。

(　　　　　　　)

❹ 次の問いに答えなさい。

(1) 1つの外角の大きさが20°である正多角形を答えなさい。

(　　　　　　　)

(2) 1つの外角の大きさが18°である正多角形を答えなさい。

(　　　　　　　)

(3) 1つの外角の大きさが12°である正多角形を答えなさい。

(　　　　　　　)

らくらく
マルつけ

Ha-09

多角形の角の計算

Hi-10

答えと解き方➡別冊p.5

❶ 次の図で，∠xの大きさを求めなさい。

(1)

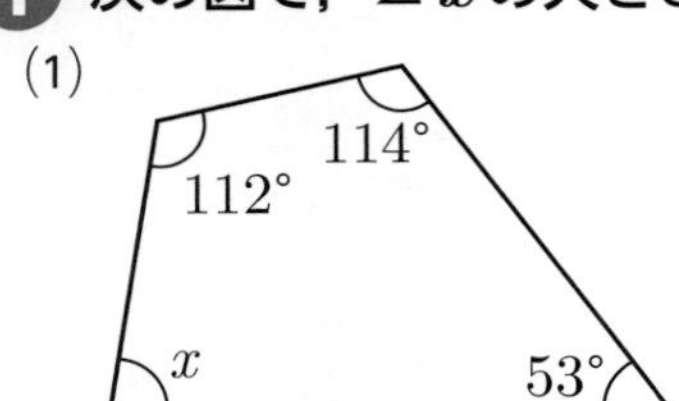

(　　　　　　　　)

(2)

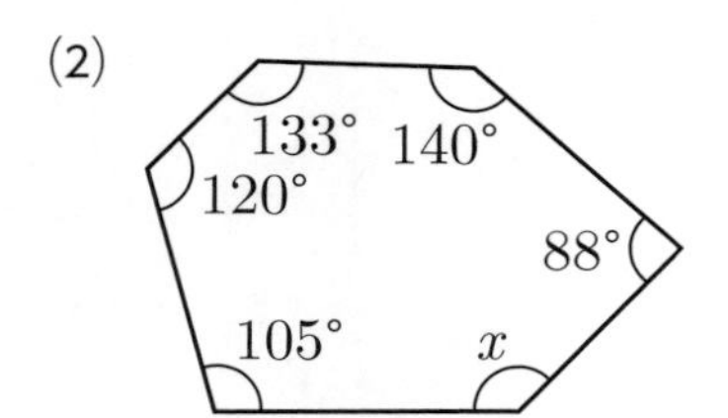

(　　　　　　　　)

(3)

52°
93°
x
98°

(　　　　　　　　)

(4)

76°
76°
80°
x
78°

(　　　　　　　　)

ヒント

❶ (1)四角形の内角の和は，
$180° \times (4-2) = 360°$
(2)六角形の内角の和は，
$180° \times (6-2) = 720°$
(3)外角の和は360°
(4)∠xの角の外角の大きさを先に求める。

❷ 次の図で，$\angle x$ の大きさを求めなさい。

(1)

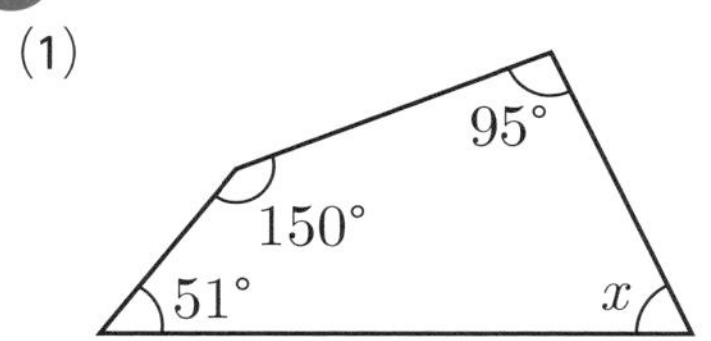

(　　　　　　　)

(2)

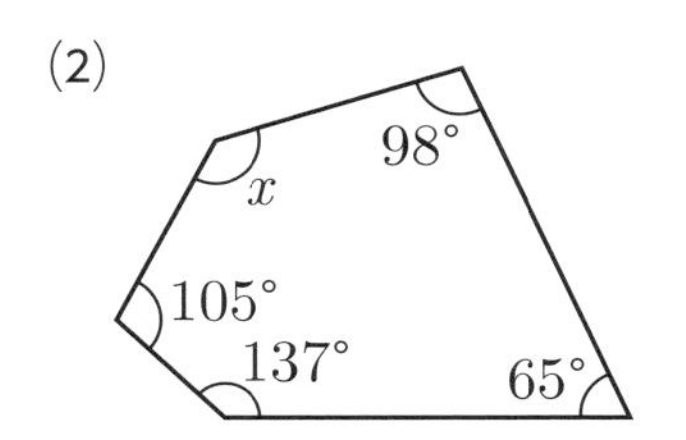

(　　　　　　　)

(3)

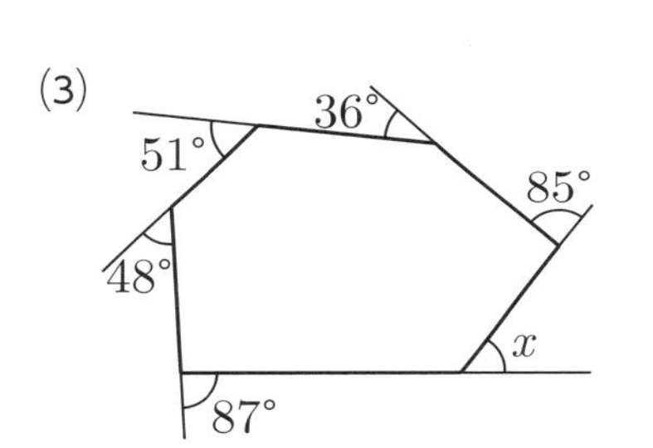

(　　　　　　　)

(4)

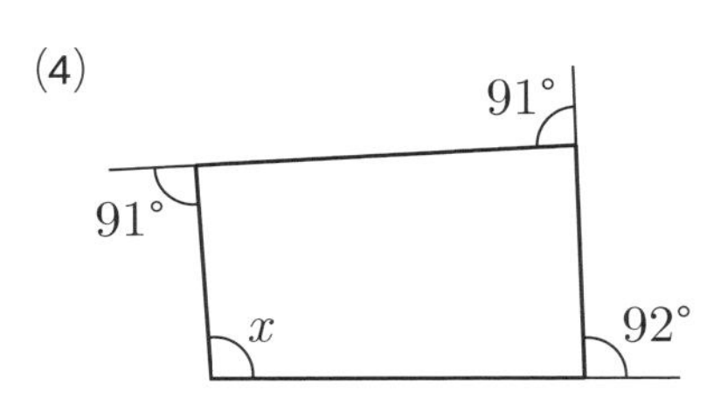

(　　　　　　　)

(5)

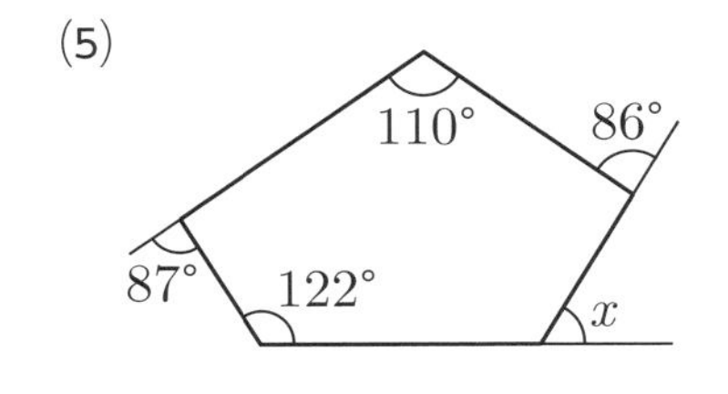

(　　　　　　　)

らくらくマルつけ

Ha-10

長方形を折り返してできる角

答えと解き方➡別冊p.5

❶ 長方形の紙を次の図のように折ったとき，あとの角の大きさを求めなさい。

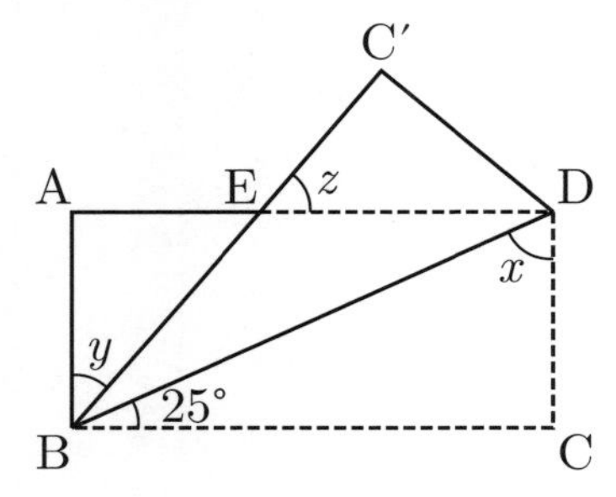

(1) $\angle x$

(　　　　　　　)

(2) $\angle y$

(　　　　　　　)

(3) $\angle z$

(　　　　　　　)

❷ 長方形の紙を次の図のように折ったとき，あとの角の大きさを求めなさい。

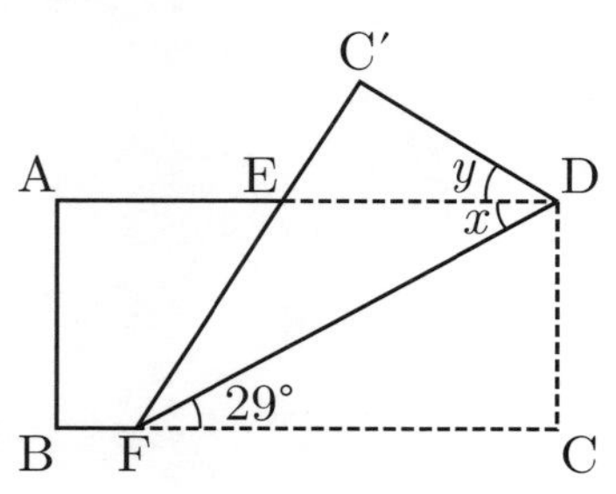

(1) $\angle x$

(　　　　　　　)

(2) $\angle y$

(　　　　　　　)

ヒント

❶ (1)△BCDの内角の和より求める。
(2)∠C′BD＝∠CBDである。
(3)$\angle z$＝∠BEAである。

❷ (1)$\angle x$の錯角(さっかく)を見つける。
(2)∠FDC′＝∠FDCである。

3 長方形の紙を次の図のように折ったとき，あとの角の大きさを求めなさい。

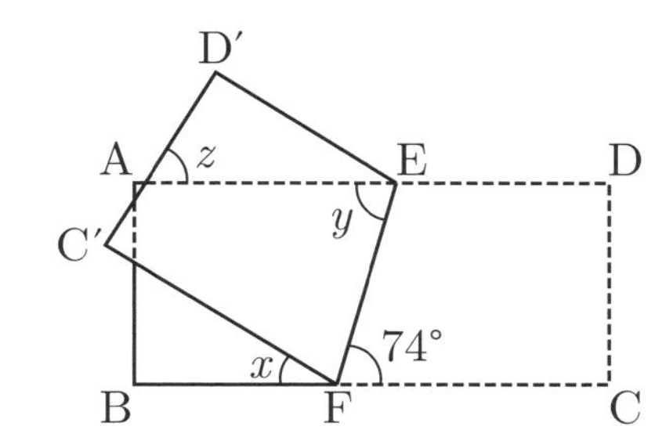

(1)　$\angle x$

(　　　　　　　　)

(2)　$\angle y$

(　　　　　　　　)

(3)　$\angle z$

(　　　　　　　　)

4 長方形の紙を次の図のように折ったとき，あとの角の大きさを求めなさい。

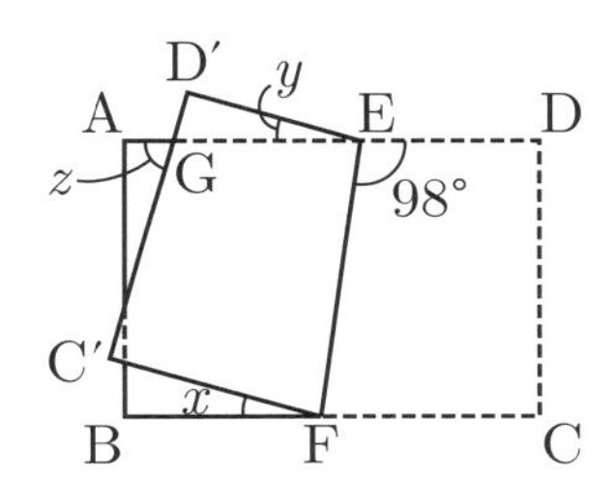

(1)　$\angle x$

(　　　　　　　　)

(2)　$\angle y$

(　　　　　　　　)

(3)　$\angle z$

(　　　　　　　　)

複雑な図形の角の計算

答えと解き方➡別冊p.6

❶ 次の図で，あとの角の大きさを求めなさい。

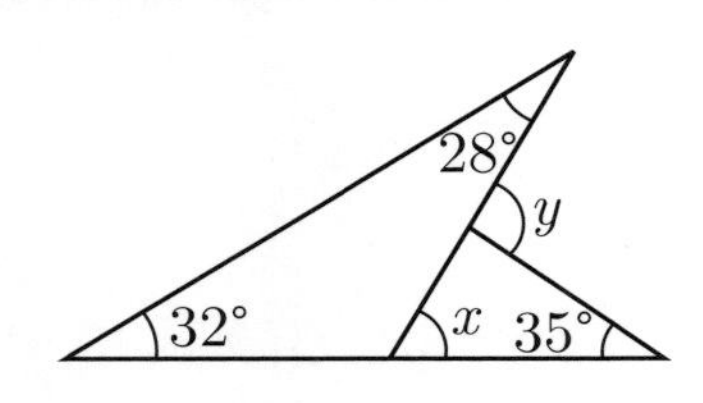

(1) $\angle x$

(　　　　　　　)

(2) $\angle y$

(　　　　　　　)

❷ 次の図で，あとの角の大きさを求めなさい。ただし，(1)，(2)は$\angle a$～$\angle e$のいずれかを用いた式で表しなさい。

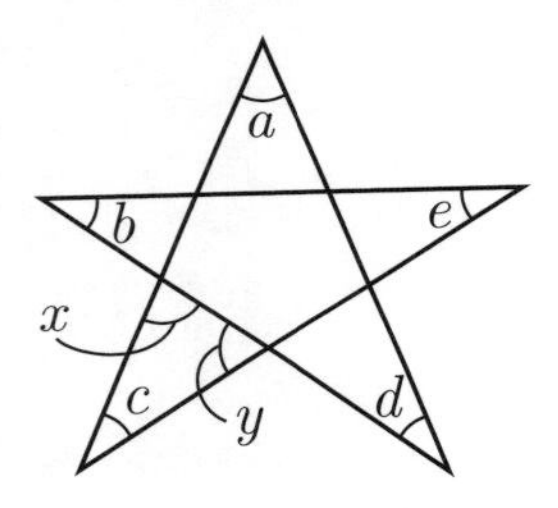

(1) $\angle x$

(　　　　　　　)

(2) $\angle y$

(　　　　　　　)

(3) $\angle a+\angle b+\angle c+\angle d+\angle e$

(　　　　　　　)

ヒント

❶ 三角形の内角と外角の関係を利用する。

❷ (1)(2)三角形の内角と外角の関係を利用する。

(3)$\angle x$，$\angle y$，$\angle c$をふくむ三角形に着目する。

❸ 次の図で，$\angle x$ の大きさを求めなさい。

(1)

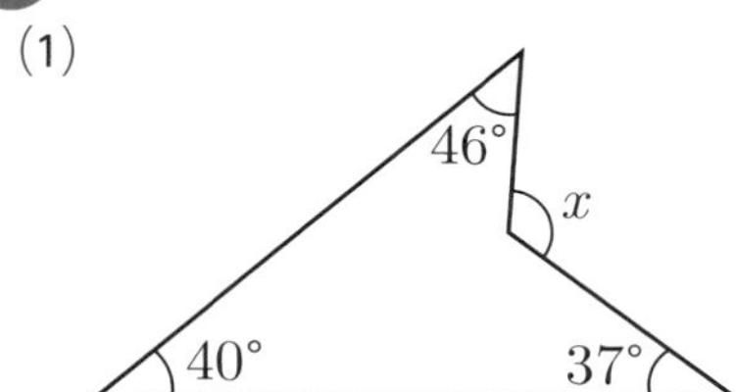

(　　　　　　　)

(2)

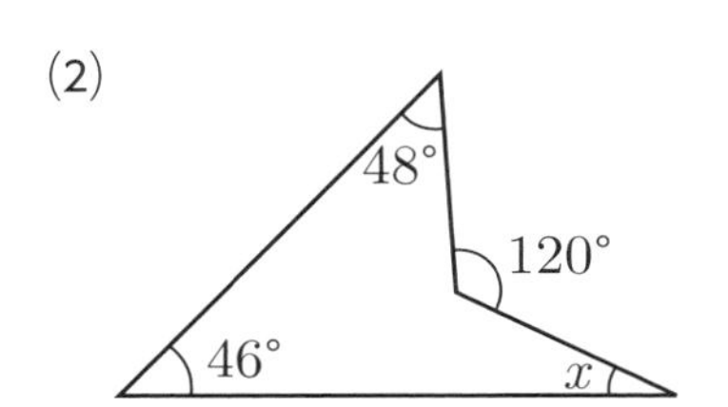

(　　　　　　　)

❹ 次の図で，あとの角の大きさを求めなさい。

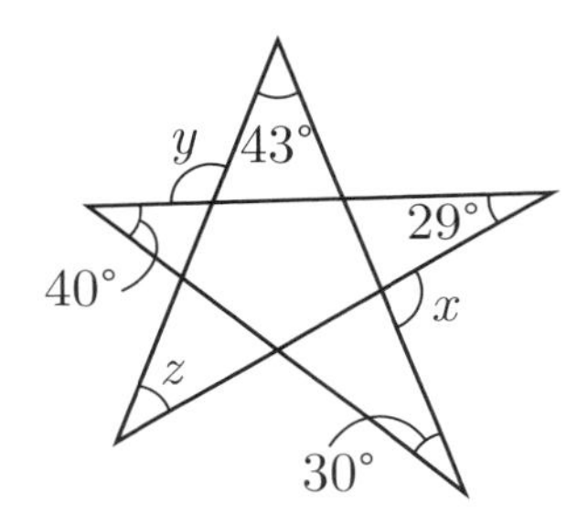

(1)　$\angle x$

(　　　　　　　)

(2)　$\angle y$

(　　　　　　　)

(3)　$\angle z$

(　　　　　　　)

らくらく
マルつけ

Ha-12

合同な図形

答えと解き方➡別冊p.6

❶ 次の図で，四角形ABCD≡四角形A′B′C′D′であるとき，あとの問いに答えなさい。

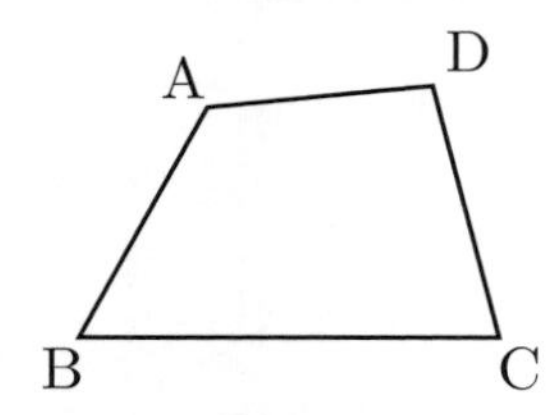

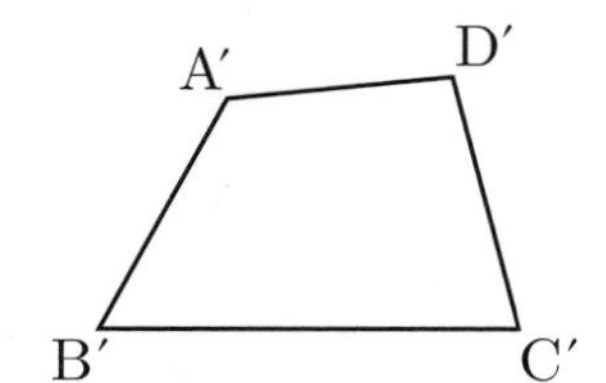

⑴ 四角形A′B′C′D′で，辺ADに対応する辺を答えなさい。

（　　　　　　　）

⑵ 四角形ABCDで，辺C′D′に対応する辺を答えなさい。

（　　　　　　　）

⑶ 四角形A′B′C′D′で，∠ABCに対応する角を答えなさい。

（　　　　　　　）

⑷ 四角形ABCDで，∠B′C′D′に対応する角を答えなさい。

（　　　　　　　）

❷ 次の図について，あとの問いに答えなさい。

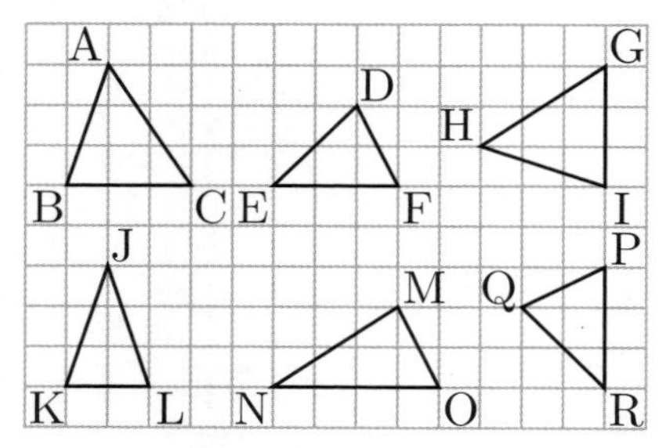

⑴ △ABCと合同な三角形を答えなさい。

（　　　　　　　）

⑵ △DEFと合同な三角形を答えなさい。

（　　　　　　　）

ヒント

❶ 頂点の並びがもとの辺や角に対応するように答える。

❷ ⑴△ABCと重なる三角形を見つける。
⑵△DEFと重なる三角形を見つける。

3 次の図で，△ABC≡△DEFであるとき，あとの問いに答えなさい。

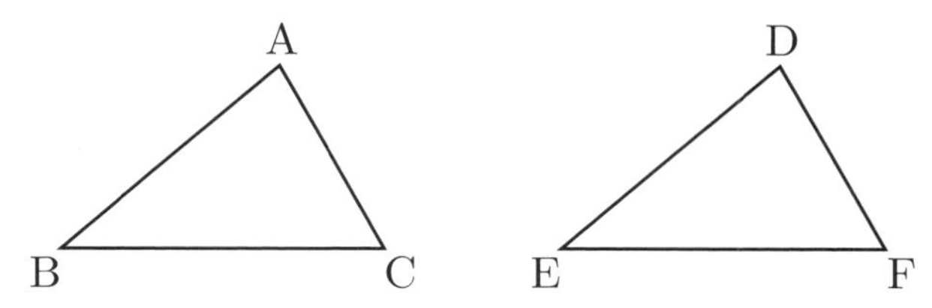

(1) △DEFで，頂点Cに対応する頂点を答えなさい。

(　　　　　　　　)

(2) △DEFで，辺BCに対応する辺を答えなさい。

(　　　　　　　　)

(3) △ABCで，辺DEに対応する辺を答えなさい。

(　　　　　　　　)

(4) △DEFで，∠BCAに対応する角を答えなさい。

(　　　　　　　　)

(5) △ABCで，∠FDEに対応する角を答えなさい。

(　　　　　　　　)

4 次の図について，あとの問いに答えなさい。

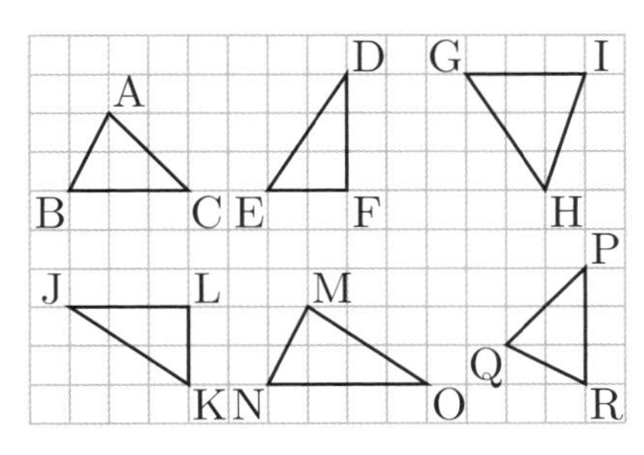

(1) △ABCと合同な三角形を答えなさい。

(　　　　　　　　)

(2) △DEFと合同な三角形を答えなさい。

(　　　　　　　　)

らくらく
マルつけ

Ha-13

三角形の合同条件

答えと解き方➡別冊p.6

❶ 次の図について，あとの問いに答えなさい。

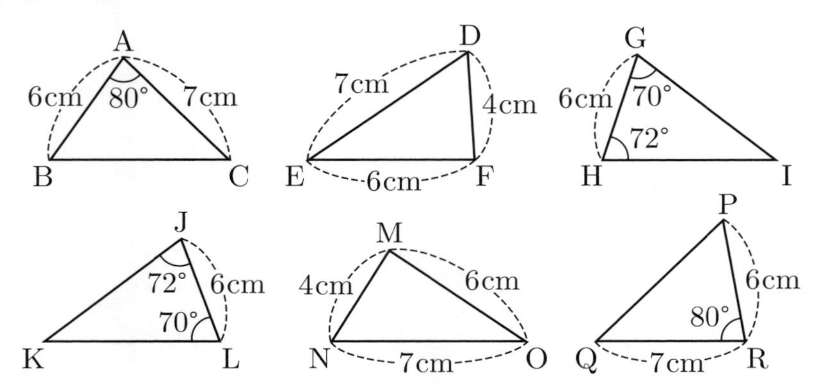

(1) △ABCと合同な三角形を答えなさい。

( )

(2) (1)で使った合同条件を答えなさい。

( )

(3) △DEFと合同な三角形を答えなさい。

( )

(4) (3)で使った合同条件を答えなさい。

( )

(5) △GHIと合同な三角形を答えなさい。

( )

(6) (5)で使った合同条件を答えなさい。

( )

ヒント

❶ 次の三角形の合同条件のうち，いずれかがあてはまる三角形を見つける。
- **3組の辺がそれぞれ等しい**
- **2組の辺とその間の角がそれぞれ等しい**
- **1組の辺とその両端（りょうたん）の角がそれぞれ等しい**

❷ 次の図について，あとの問いに答えなさい。

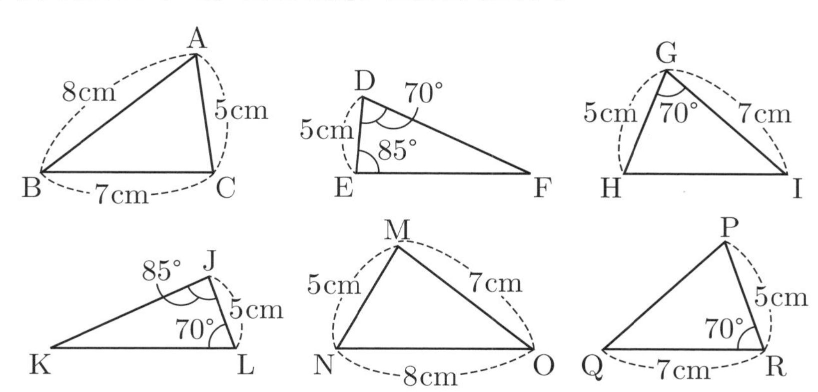

⑴　△ABC と合同な三角形を答えなさい。

（　　　　　　　　）

⑵　⑴で使った合同条件を答えなさい。

（　　　　　　　　　　　　　　　　）

⑶　△DEF と合同な三角形を答えなさい。

（　　　　　　　　）

⑷　⑶で使った合同条件を答えなさい。

（　　　　　　　　　　　　　　　　）

⑸　△GHI と合同な三角形を答えなさい。

（　　　　　　　　）

⑹　⑸で使った合同条件を答えなさい。

（　　　　　　　　　　　　　　　　）

らくらく
マルつけ
Ha-14

15 仮定と結論

答えと解き方➡別冊p.7

❶ 次のことがらについて，仮定と結論をそれぞれ答えなさい。

(1) nが整数ならば$n+1$は整数である。

仮定（　　　　　　　　　　　　）

結論（　　　　　　　　　　　　）

(2) 四角形ABCD ≡ 四角形EFGHならばAB＝EFである。

仮定（　　　　　　　　　　　　）

結論（　　　　　　　　　　　　）

(3) 正三角形の1つの内角の大きさは60°である。

仮定（　　　　　　　　　　　　）

結論（　　　　　　　　　　　　）

❷ 次の図で，AB＝AD，BC＝DCのとき△ABC ≡ △ADCであることを証明するとき，ア〜ウにあてはまるものを答えなさい。

A
B　C　D

△ABCと△ADCにおいて，
仮定より，AB＝AD　…①
仮定より，［ア］　…②
共通な辺だから，［イ］　…③
①，②，③より，［ウ］がそれぞれ等しいから
△ABC ≡ △ADC

ア（　　　　　　　）　イ（　　　　　　　）

ウ（　　　　　　　　　　　　）

ヒント

❶ (1)(2)「ならば」の前にある部分を仮定，「ならば」の後ろにある部分を結論という。
(3)「正三角形ならば1つの内角の大きさは60°である。」といいかえることができる。

❷ 仮定と，それ以外の等しい辺や角を見つけて，三角形の合同条件のいずれかにあてはまるか考える。

❸ 次のことがらについて，仮定と結論をそれぞれ答えなさい。

(1)　nが奇数(きすう)ならば$2n$は偶数(ぐうすう)である。

仮定 (　　　　　　　　　　　　　　　　　　　　　)

結論 (　　　　　　　　　　　　　　　　　　　　　)

(2)　△ABC≡△DEFならば∠BCA＝∠EFDである。

仮定 (　　　　　　　　　　　　　　　　　　　　　)

結論 (　　　　　　　　　　　　　　　　　　　　　)

(3)　四角形の内角の和は360°である。

仮定 (　　　　　　　　　　　　　　　　　　　　　)

結論 (　　　　　　　　　　　　　　　　　　　　　)

(4)　正五角形の１つの外角の大きさは72°である。

仮定 (　　　　　　　　　　　　　　　　　　　　　)

結論 (　　　　　　　　　　　　　　　　　　　　　)

❹ 次の図で，AC＝EC，BC＝DCのとき△ABC≡△EDCであることを証明するとき，ア～ウにあてはまるものを答えなさい。

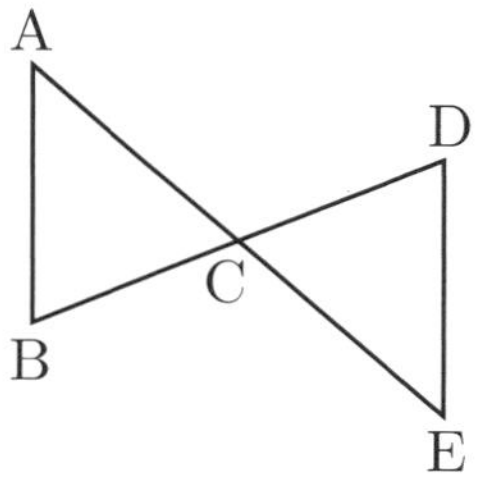

△ABCと△EDCにおいて，
仮定より，［ア］　…①
仮定より，BC＝DC　…②
対頂角だから，［イ］　…③
①，②，③より，［ウ］がそれぞれ等しいから
△ABC≡△EDC

ア (　　　　　　　　　)　イ (　　　　　　　　　　　　)

ウ (　　　　　　　　　　　　)

三角形の合同条件の利用❶

答えと解き方➡別冊p.7

❶ 次の図で，BC＝DC，∠BCA＝∠DCAのとき，△ABC≡△ADCであることを証明します。ア～エにあてはまるものを答えなさい。

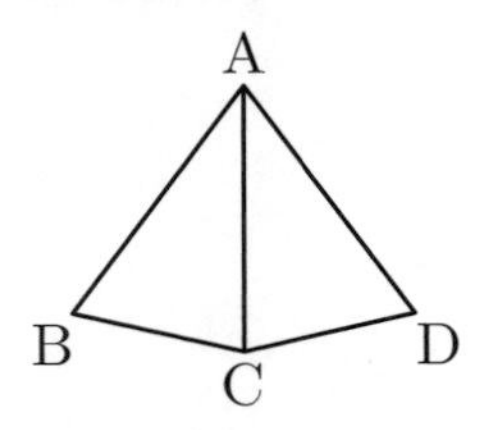

△ABCと△ADCにおいて，
仮定より，BC＝［ア］　…①
仮定より，∠BCA＝［イ］　…②
共通な辺だから，AC＝［ウ］　…③
①，②，③より，［エ］がそれぞれ等しいから
△ABC≡△ADC

ア（　　　　）　イ（　　　　）　ウ（　　　　）
エ（　　　　）

❷ 次の図で，AE＝CD，AE∥CDのとき，△ABE≡△DBCであることを証明します。ア～エにあてはまるものを答えなさい。

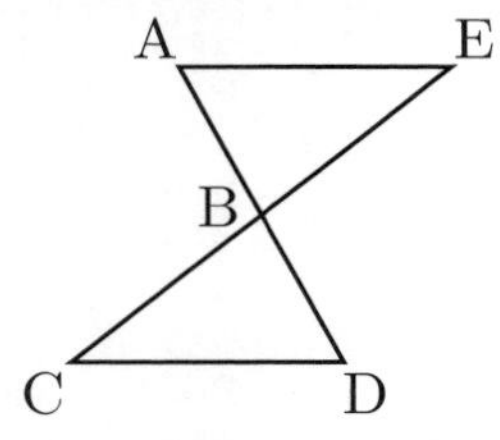

△ABEと△DBCにおいて，
仮定より，AE＝［ア］　…①
AE∥CDより，平行線の錯角（さっかく）は等しいから
∠EAB＝［イ］　…②
同様に，∠BEA＝［ウ］　…③
①，②，③より，［エ］がそれぞれ等しいから
△ABE≡△DBC

ア（　　　　）　イ（　　　　）　ウ（　　　　）
エ（　　　　）

ヒント

❶ 仮定と，共通な辺より，あてはまる合同条件を示す。

❷ AE∥CDと平行線の錯角が等しいことから，2組の角が等しいことを示す。

❸ 次の図で，AB＝DC，AC＝DBのとき，△ABC≡△DCBであることを証明しなさい。

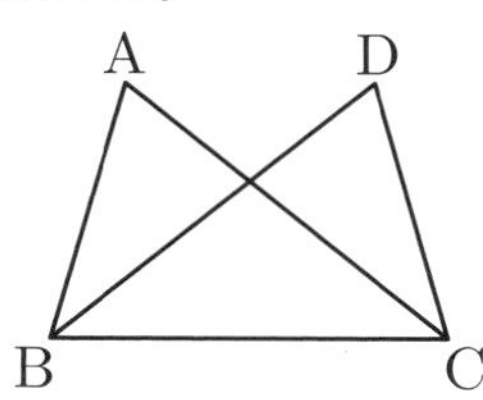

❹ 次の図で，AB＝AE，AC＝ADのとき，△ABC≡△AEDであることを証明しなさい。

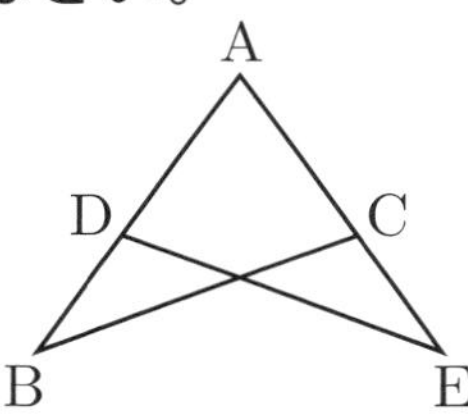

らくらく
マルつけ

Ha-16

三角形の合同条件の利用❷

答えと解き方➡別冊p.7

❶ 次の図で，∠ABD＝∠CBD，∠BDA＝∠BDCのとき，AD＝CDであることを証明します。ア～エにあてはまるものを答えなさい。

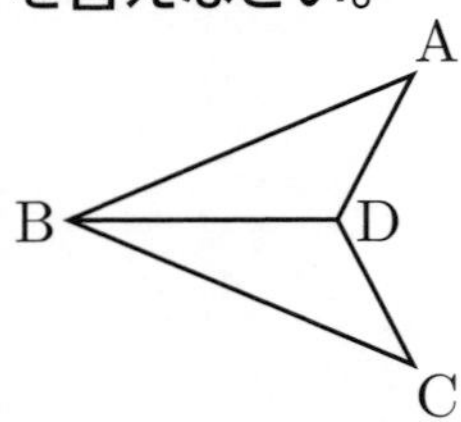

△ABDと△CBDにおいて，
仮定より，∠ABD＝［ア］ …①
仮定より，∠BDA＝［イ］ …②
共通な辺だから，BD＝［ウ］ …③
①，②，③より，［エ］がそれぞれ等しいから
△ABD≡△CBD
合同な図形の対応する辺は等しいから，AD＝CD

ア（　　　　）　イ（　　　　）　ウ（　　　　）
エ（　　　　）

❷ 次の図で，AB＝DB，∠CAB＝∠EDBのとき，∠BCA＝∠BEDであることを証明します。ア～エにあてはまるものを答えなさい。

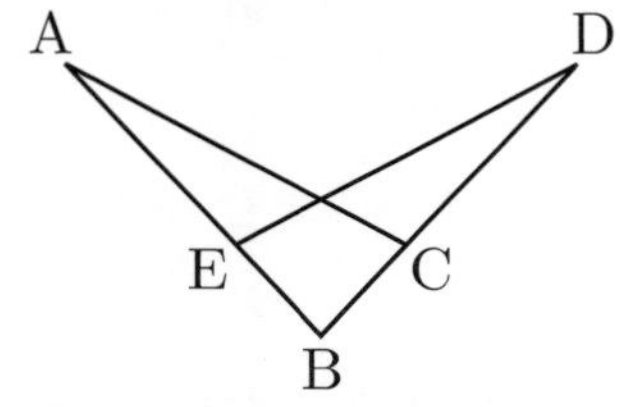

△ABCと△DBEにおいて，
仮定より，AB＝［ア］ …①
仮定より，∠CAB＝［イ］ …②
共通な角だから，∠ABC＝［ウ］ …③
①，②，③より，［エ］がそれぞれ等しいから
△ABC≡△DBE
合同な図形の対応する角は等しいから，∠BCA＝∠BED

ア（　　　　）　イ（　　　　）　ウ（　　　　）
エ（　　　　）

ヒント

❶ 先に△ABD≡△CBDであることを示し，合同な図形の対応する辺は等しいことからAD＝CDを示す。

❷ 先に△ABC≡△DBEであることを示し，合同な図形の対応する角は等しいことから∠BCA＝∠BEDを示す。

3 次の図で，AB＝DC，∠ABC＝∠DCBのとき，
AC＝DBであることを証明しなさい。

A C B D

4 次の図で，BC＝EC，AB // EDのとき，
AC＝DCであることを証明しなさい。

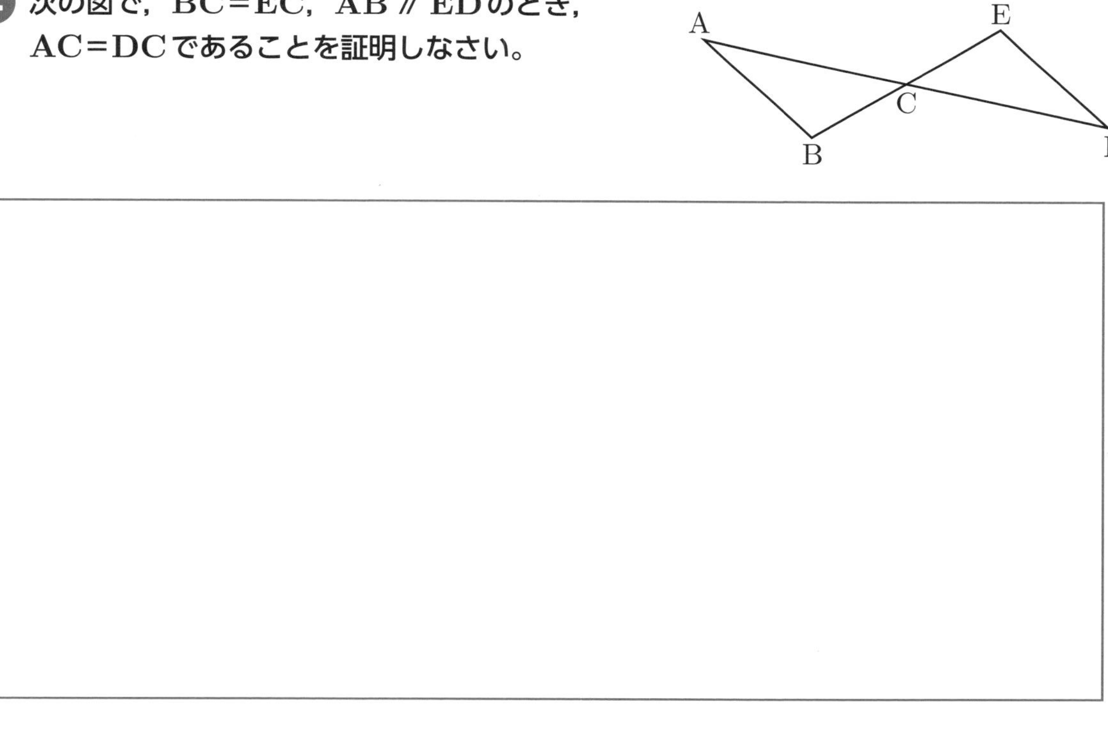

らくらく
マルつけ

Ha-17

まとめのテスト❶

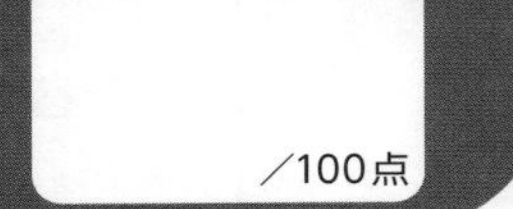

答えと解き方➡別冊p.8

❶ 次の図で$\ell \parallel m$のとき，$\angle x$の大きさを求めなさい。 [10点×2＝20点]

(1)

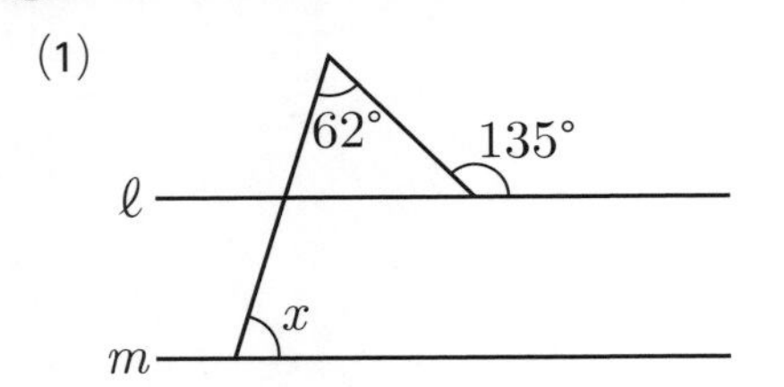

(　　　　　　　　)

(2)

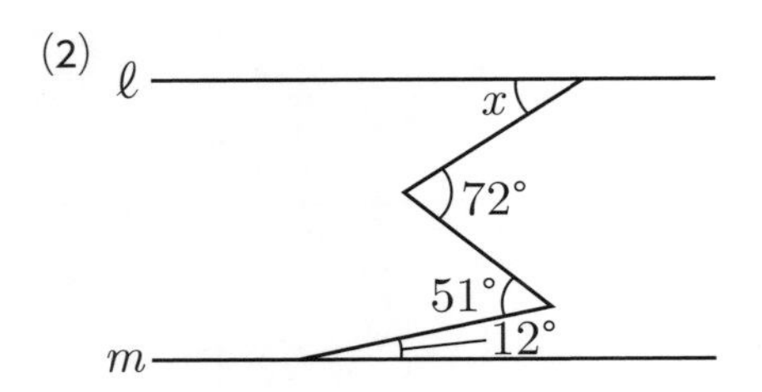

(　　　　　　　　)

❷ 次の三角形は，鋭角(えいかく)三角形，直角三角形，鈍角(どんかく)三角形のうち，どれにあてはまるか答えなさい。 [10点×2＝20点]

(1)　2つの角が，26°，64°

(　　　　　　　　)

(2)　2つの角が，34°，47°

(　　　　　　　　)

❸ 次の問いに答えなさい。 [10点×2＝20点]

(1)　正十二角形の1つの内角の大きさを求めなさい。

(　　　　　　　　)

(2)　1つの外角の大きさが40°である正多角形を答えなさい。

(　　　　　　　　)

4 次の図で，$\angle x$ の大きさを求めなさい。[10点×2=20点]

(1)

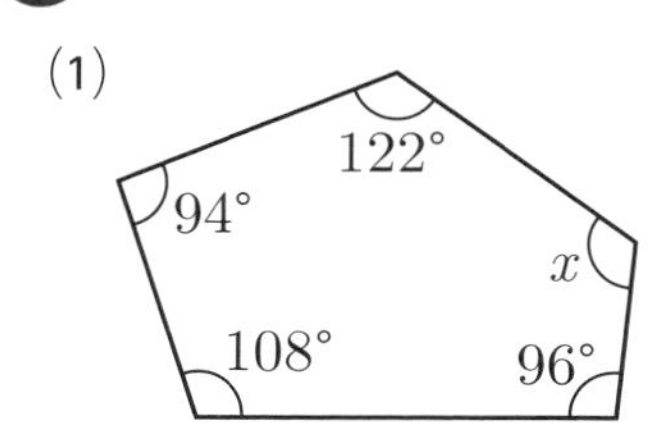

(　　　　　　　　　)

(2)

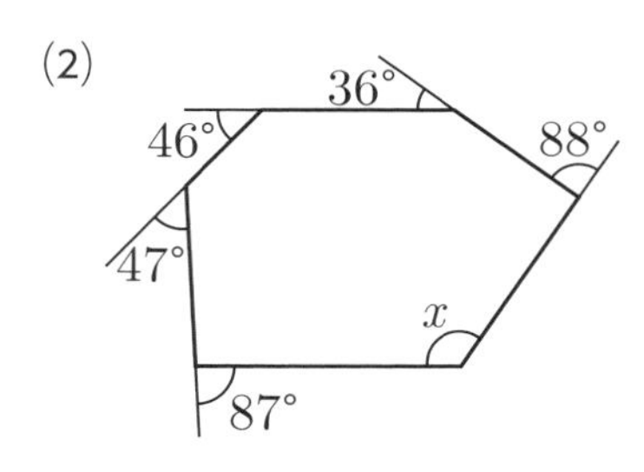

(　　　　　　　　　)

5 次の図で，△ACD が正三角形であり，∠CAB＝∠DAE，∠BCA＝∠EDA のとき，AB＝AE であることを証明しなさい。[20点]

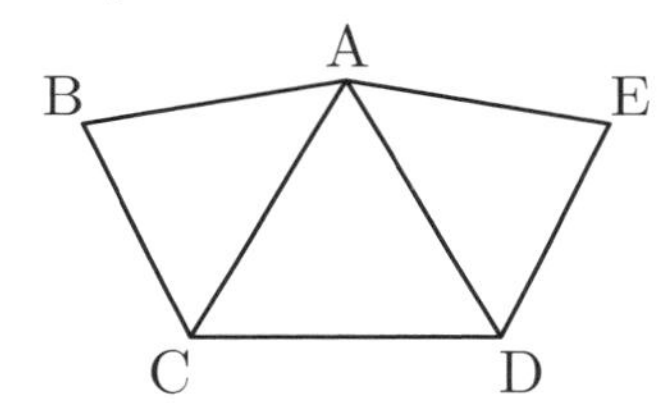

らくらく
マルつけ

Ha-18

二等辺三角形の性質❶

答えと解き方➡別冊p.9

❶ 次の二等辺三角形ABCについて，あとの問いに答えなさい。

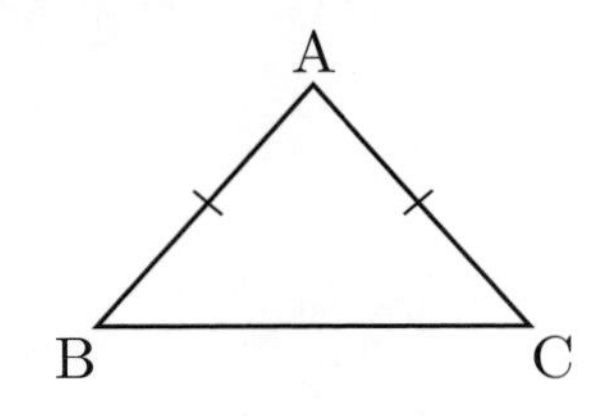

(1) AB=3cm のとき，ACの長さを求めなさい。

(　　　　　)

(2) ∠ABC=46° のとき，∠BCAの大きさを求めなさい。

(　　　　　)

❷ 次の図で，∠xの大きさを求めなさい。

(1)

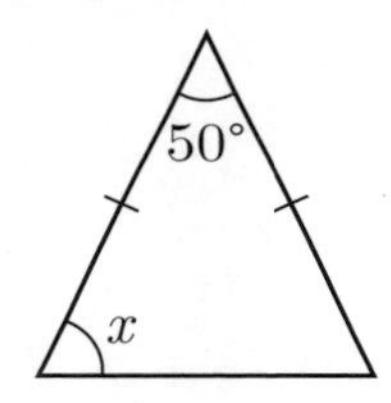

(　　　　　)

(2)

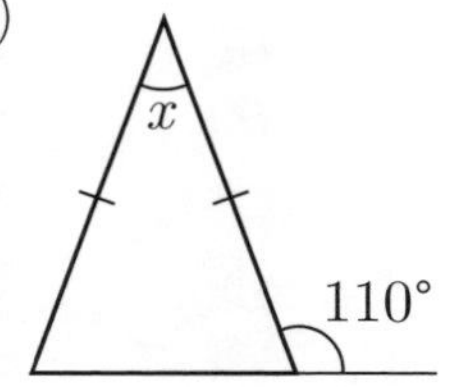

(　　　　　)

(3)

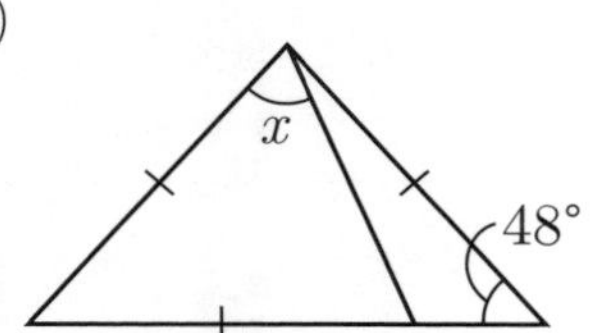

(　　　　　)

ヒント

❶ 二等辺三角形の等しい辺や角を利用する。

❷ (1)残りの角の大きさは∠xと等しい。
(2)外角から内角を求める。
(3)2組の等しい角に着目する。

❸ 次の二等辺三角形ABCについて，あとの問いに答えなさい。

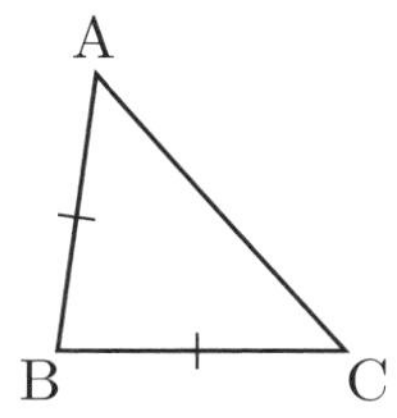

(1) BC=5cm のとき，ABの長さを求めなさい。

(　　　　　　)

(2) ∠BCA=47°のとき，∠CABの大きさを求めなさい。

(　　　　　　)

(3) ∠ABC=80°のとき，∠CABの大きさを求めなさい。

(　　　　　　)

❹ 次の図で，∠xの大きさを求めなさい。

(1)

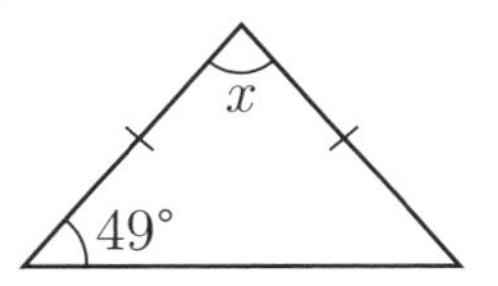

(　　　　　　)

(2)

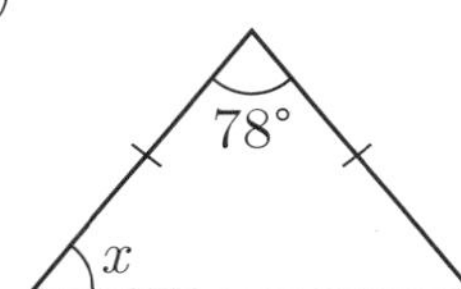

(　　　　　　)

(3)

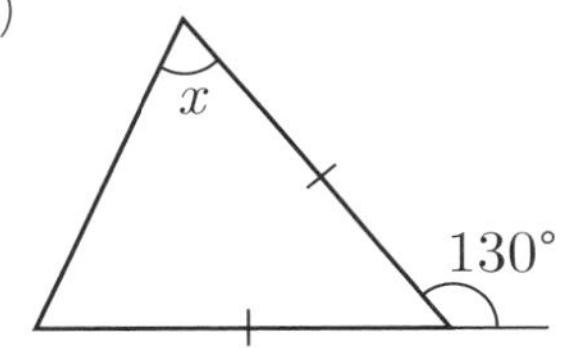

(　　　　　　)

(4)

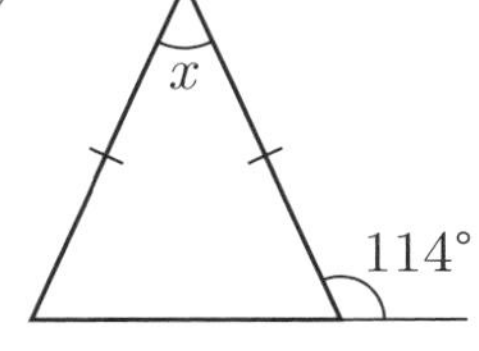

(　　　　　　)

(5)

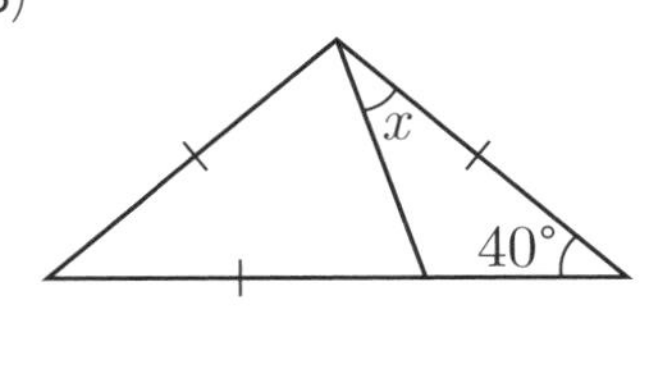

(　　　　　　)

(6)

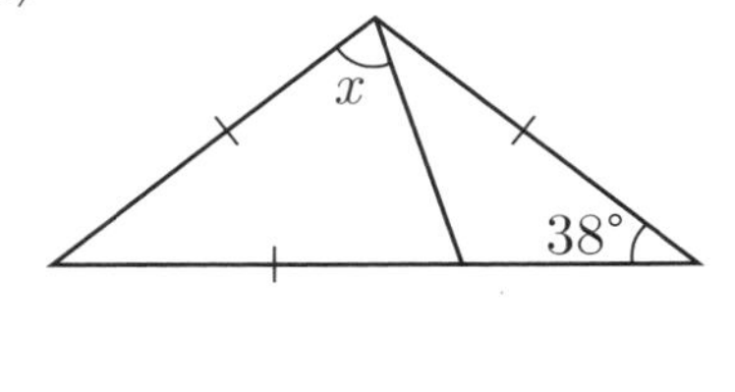

(　　　　　　)

らくらく
マルつけ

Ha-19

二等辺三角形の性質②

答えと解き方➡別冊p.9

❶ 次の図で，AB＝AC，∠DAB＝∠EACのとき，△ABD≡△ACEであることを証明します。ア〜エにあてはまるものを答えなさい。

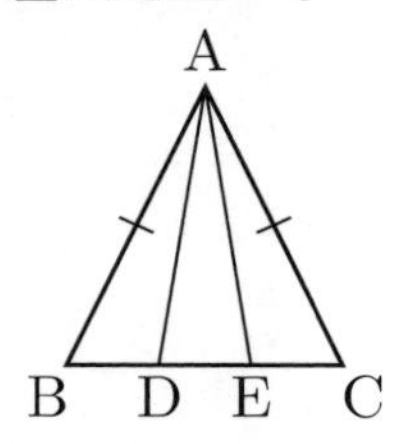

△ABDと△ACEにおいて，
仮定より，∠DAB＝［ア］ …①
仮定より，AB＝［イ］ …②
△ABCはAB＝ACの二等辺三角形だから，
∠ABD＝［ウ］ …③
①，②，③より，［エ］がそれぞれ等しいから
△ABD≡△ACE

ア（　　　　）　イ（　　　　）　ウ（　　　　）
エ（　　　　）

❷ 次の図で，AB＝CB，AD＝CDのとき，∠BAD＝∠BCDであることを証明します。ア〜エにあてはまるものを答えなさい。

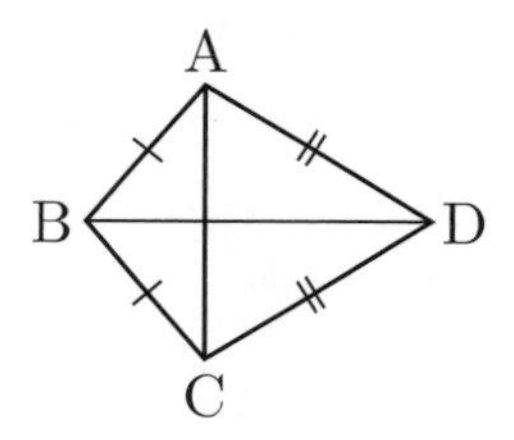

∠BAD＝∠BAC＋［ア］ …①
∠BCD＝∠BCA＋［イ］ …②
△BACはBA＝BCの二等辺三角形だから，
∠BAC＝［ウ］ …③
△DACはDA＝DCの二等辺三角形だから，
∠DAC＝［エ］ …④
①，②，③，④より，∠BAD＝∠BCD

ア（　　　　）イ（　　　　）ウ（　　　　）エ（　　　　）

ヒント

❶ △ABCは二等辺三角形であり，底角（ていかく）が等しいことを利用して証明します。

❷ △BACと△DACはそれぞれ二等辺三角形であり，底角が等しいことを利用して証明します。

3 右の図で，AB＝AC，DB＝ECのとき，∠BCD＝∠CBEであることを証明しなさい。

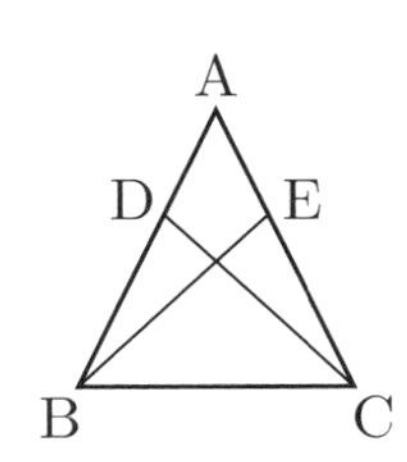

4 右の図で，AB＝AC，DB＝FC，EがBCの中点のとき，DE＝FEであることを証明しなさい。

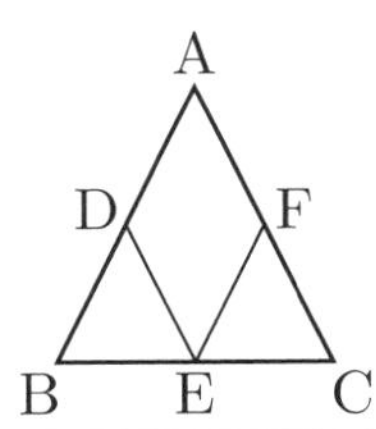

らくらく
マルつけ

Ha-20

二等辺三角形になるための条件

答えと解き方➡別冊p.9

❶ 次の図で，DB＝EC，DC＝EBのとき，△ABCが二等辺三角形であることを証明します。ア～オにあてはまるものを答えなさい。

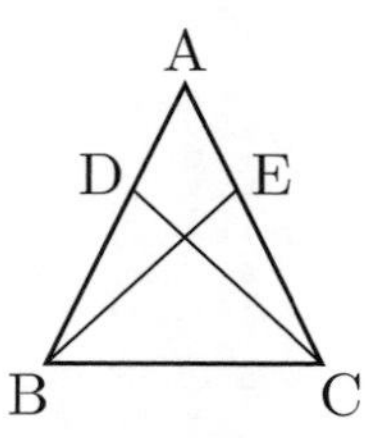

△DBCと△ECBにおいて，
仮定より，DB＝EC　…①
仮定より，DC＝[ア]　…②
共通な辺だから，BC＝[イ]　…③
①，②，③より，[ウ]がそれぞれ等しいから，△DBC≡△ECB
合同な図形の対応する角は等しいから，∠DBC＝[エ]
2つの[オ]が等しいから，△ABCは二等辺三角形である。

ア（　　　）イ（　　　）ウ（　　　）
エ（　　　）オ（　　　）

❷ 次の図で，AB＝AC，DB＝ECのとき，△FBCが二等辺三角形であることを証明します。ア～オにあてはまるものを答えなさい。

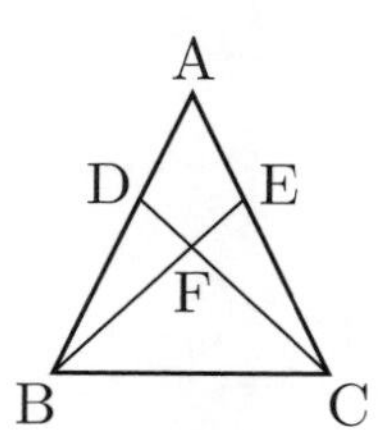

△DBCと△ECBにおいて，
仮定より，DB＝EC　…①
共通な辺だから，BC＝[ア]　…②
△ABCはAB＝ACの二等辺三角形だから，
∠DBC＝[イ]　…③
①，②，③より，[ウ]がそれぞれ等しいから，△DBC≡△ECB
合同な図形の対応する角は等しいから，∠BCD＝[エ]
2つの[オ]が等しいから，△FBCは二等辺三角形である。

ア（　　　）イ（　　　）ウ（　　　）
エ（　　　）オ（　　　）

ヒント

❶ △DBC≡△ECBを先に示すことで，△ABCの2つの辺または角が等しいことを証明する。

❷ △DBC≡△ECBを先に示すことで，△FBCの2つの辺または角が等しいことを証明する。

3 次の図で，DE＝FE，∠BED＝∠CEF，EがBCの中点のとき，△ABCが二等辺三角形であることを証明しなさい。

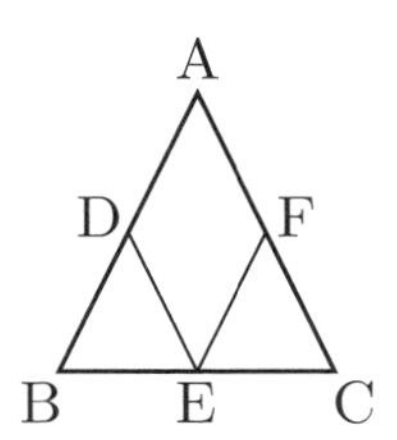

4 次の図で，DF＝EF，∠FDB＝∠FECのとき，△FBCが二等辺三角形であることを証明しなさい。

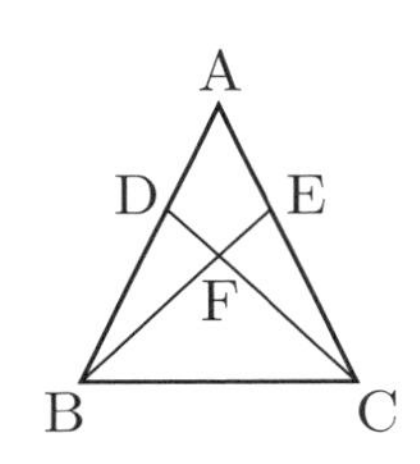

正三角形の性質

答えと解き方➡別冊p.10

❶ 次の図で，∠A＝∠B＝∠Cのとき，△ABCが正三角形であることを証明します。ア～エにあてはまるものを答えなさい。

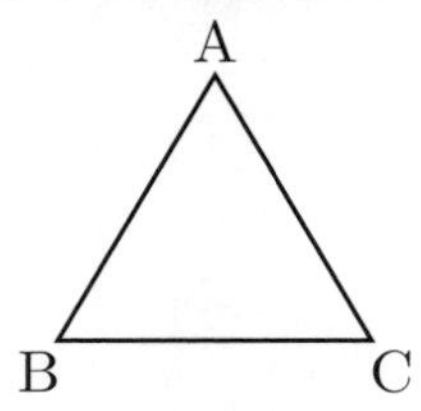

△ABCにおいて，
∠A＝∠Bだから，AC＝［ア］ …①
∠B＝∠Cだから，AB＝［イ］ …②
①，②より，AB＝BC＝［ウ］
すべての［エ］が等しいから，△ABCは正三角形である。

ア（　　　　） イ（　　　　）
ウ（　　　　） エ（　　　　）

❷ 次の図で，AD＝CE，△ABCが正三角形のとき，△ADC≡△CEBであることを証明します。ア～エにあてはまるものを答えなさい。

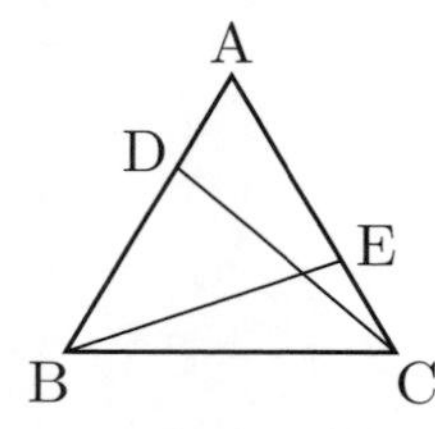

△ADCと△CEBにおいて，
仮定より，AD＝［ア］ …①
△ABCは正三角形だから，AC＝［イ］ …②
同様に，∠CAD＝［ウ］ …③
①，②，③より，［エ］がそれぞれ等しいから，
△ADC≡△CEB

ア（　　　　） イ（　　　　） ウ（　　　　）
エ（　　　　）

ヒント

❶ △ABCを∠A＝∠Bの二等辺三角形とみた場合と，∠B＝∠Cの二等辺三角形とみた場合を考える。

❷ △ABCはすべての辺，角が等しいことを利用します。

❸ 次の図で，△ABCが正三角形，BEが∠ABCの二等分線，CDが∠ACBの二等分線のとき，△ABE≡△ACDであることを証明しなさい。

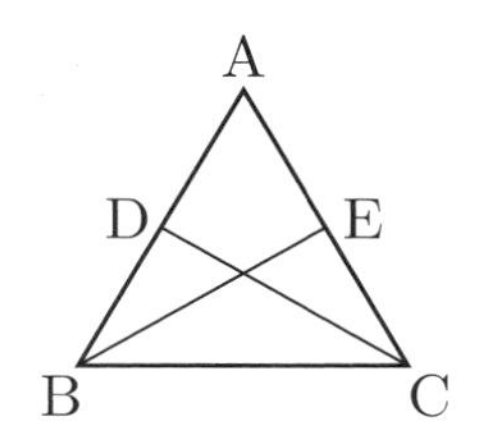

❹ 次の図で，DB＝EC，△ABCが正三角形のとき，△ADB≡△AECであることを証明しなさい。

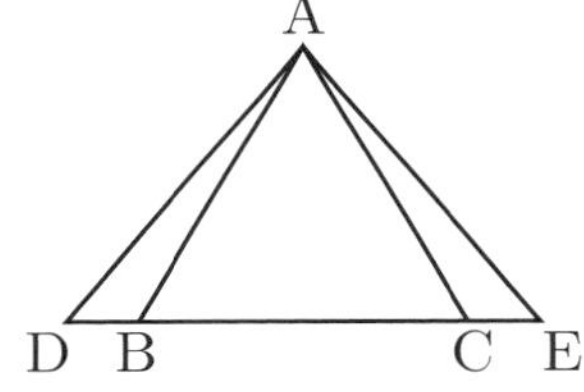

らくらくマルつけ

Ha-22

定理の逆，反例

答えと解き方➡別冊p.11

❶ 次のことがらの逆を答え，それが正しいときは○を，正しくないときは×を書きなさい。

(1) $x>3$ならば，$x>1$である。

逆（　　　　　　　　　　　　　　　　　　　）

（　　　　　）

(2) 正三角形は，すべての辺が等しい三角形である。

逆（　　　　　　　　　　　　　　　　　　　）

（　　　　　）

(3) $x+2=3$ならば，$x=1$である。

逆（　　　　　　　　　　　　　　　　　　　）

（　　　　　）

(4) 合同な2つの三角形は，高さが等しい。

逆（　　　　　　　　　　　　　　　　　　　）

（　　　　　）

❷ 「$n+1$が自然数（しぜんすう）ならば，nは自然数である。」の反例（はんれい）としてあてはまるものをア～オから1つ選びなさい。

ア　$n=-2$のとき　　イ　$n=-1$のとき　　ウ　$n=0$のとき

エ　$n=1$のとき　　オ　$n=2$のとき

（　　　　　）

ヒント

❶ 仮定と結論を入れかえたものを考える。いつでも成り立てば正しい，そうでなければ正しくないと考える。

❷ $n+1$が自然数で，nが自然数でない場合が，ここでの反例としてあてはまる。

❸ 次のことがらの逆を答え，それが正しいときは○を，正しくないときは×を書きなさい。

(1) $x>4$ ならば，$x \geqq 4$ である。

逆（　　　　　　　　　　　　　　　　　）

（　　　　　）

(2) 二等辺三角形は，2つの辺が等しい三角形である。

逆（　　　　　　　　　　　　　　　　　）

（　　　　　）

(3) $x=1$，$y=1$ ならば，$x+y=2$ である。

逆（　　　　　　　　　　　　　　　　　）

（　　　　　）

(4) 合同な2つの長方形は，面積が等しい。

逆（　　　　　　　　　　　　　　　　　）

（　　　　　）

(5) $a>b$，$b>c$ ならば，$a>c$ である。

逆（　　　　　　　　　　　　　　　　　）

（　　　　　）

❹ 「$2n$ が自然数ならば，n は自然数である。」の反例としてあてはまるものをア〜オから1つ選びなさい。

ア　$n=-1$ のとき　　イ　$n=-\frac{1}{2}$ のとき　　ウ　$n=0$ のとき

エ　$n=\frac{1}{2}$ のとき　　オ　$n=1$ のとき

（　　　　　）

らくらく
マルつけ

Ha-23

直角三角形の合同条件

答えと解き方➡別冊p.11

❶ 次の図について，あとの問いに答えなさい。

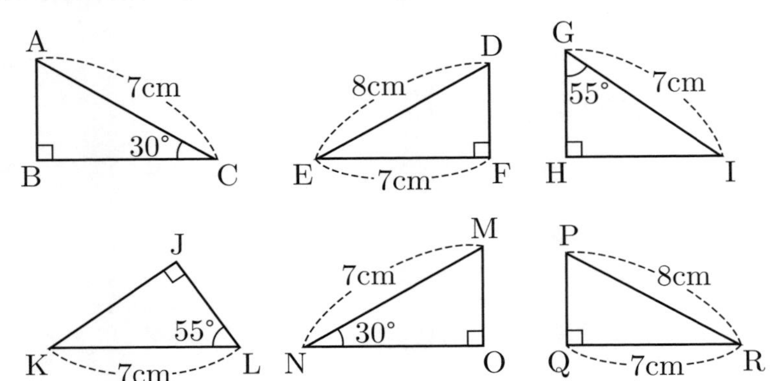

(1) △ABC と合同な三角形を答えなさい。

（　　　　　　）

(2) (1)で使った合同条件を答えなさい。

（　　　　　　）

(3) △DEF と合同な三角形を答えなさい。

（　　　　　　）

(4) (3)で使った合同条件を答えなさい。

（　　　　　　）

(5) △GHI と合同な三角形を答えなさい。

（　　　　　　）

(6) (5)で使った合同条件を答えなさい。

（　　　　　　）

ヒント

❶ 次の直角三角形の合同条件のうち，いずれかがあてはまる三角形を見つける。
- 斜辺と1つの鋭角（えいかく）がそれぞれ等しい
- 斜辺と他の1辺がそれぞれ等しい

❷ 次の図について，あとの問いに答えなさい。

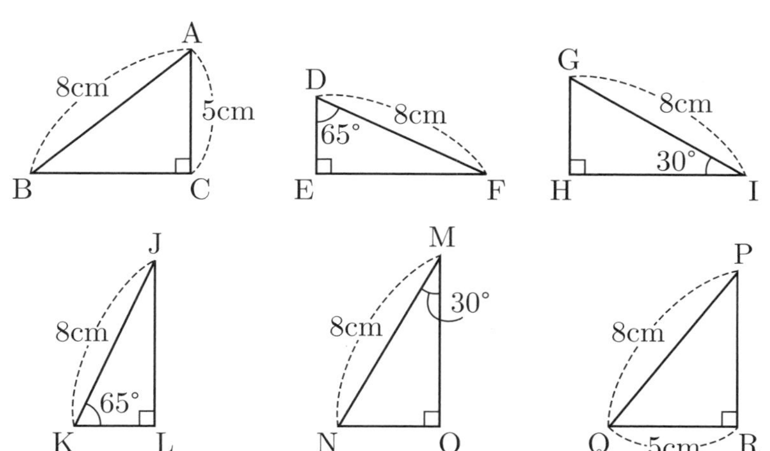

(1) △ABC と合同な三角形を答えなさい。

(　　　　　　)

(2) (1)で使った合同条件を答えなさい。

(　　　　　　　　　　　　)

(3) △DEF と合同な三角形を答えなさい。

(　　　　　　)

(4) (3)で使った合同条件を答えなさい。

(　　　　　　　　　　　　)

(5) △GHI と合同な三角形を答えなさい。

(　　　　　　)

(6) (5)で使った合同条件を答えなさい。

(　　　　　　　　　　　　)

らくらく
マルつけ
Ha-24

直角三角形の合同条件の利用

答えと解き方➡別冊p.11

❶ 次の図で，AB＝AC，BF＝CF，AB⊥DF，AC⊥EFのとき，DF＝EFであることを証明します。ア～エにあてはまるものを答えなさい。

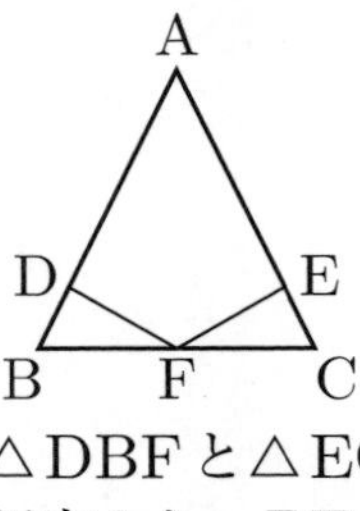

△DBFと△ECFにおいて，
仮定より，BF＝［ア］…①
仮定より，∠FDB＝［イ］＝90°　…②
△ABCはAB＝ACの二等辺三角形だから，
∠DBF＝［ウ］…③
①，②，③より，直角三角形の［エ］がそれぞれ等しいから，
△DBF≡△ECF
合同な図形の対応する辺は等しいから，DF＝EF

ア（　　　　）　イ（　　　　）　ウ（　　　　）
エ（　　　　）

❷ 次の図で，直線BDが∠ABCの二等分線，AD⊥AB，CD⊥CBのとき，AB＝CBであることを証明します。ア～エにあてはまるものを答えなさい。

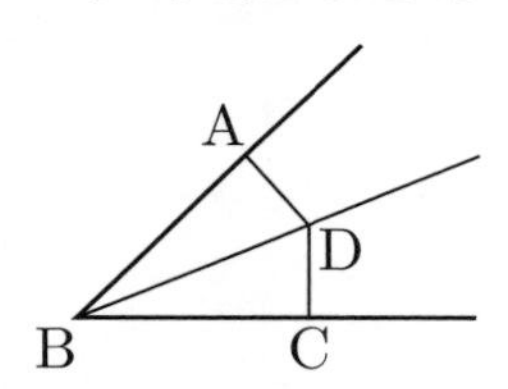

△ABDと△CBDにおいて，
仮定より，∠DAB＝［ア］＝90°　…①
仮定より，∠ABD＝［イ］…②
共通な辺だから，BD＝［ウ］…③
①，②，③より，直角三角形の［エ］がそれぞれ等しいから，
△ABD≡△CBD
合同な図形の対応する辺は等しいから，AB＝CB

ア（　　　　）　イ（　　　　）　ウ（　　　　）
エ（　　　　）

ヒント

❶ 直角三角形の合同条件を利用して，△DBF≡△ECFを先に示す。

❷ 直角三角形の合同条件を利用して，△ABD≡△CBDを先に示す。

3 次の図で，DF＝EF，AB⊥DF，AC⊥EFのとき，
∠FAD＝∠FAEであることを証明しなさい。

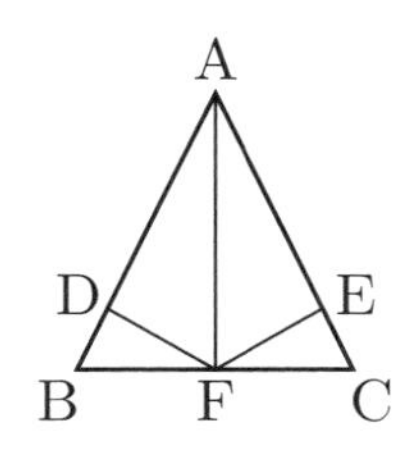

4 次の図で，AB⊥DC，AC⊥EB，△ABCが正三角形のとき，
BE＝CDであることを証明しなさい。

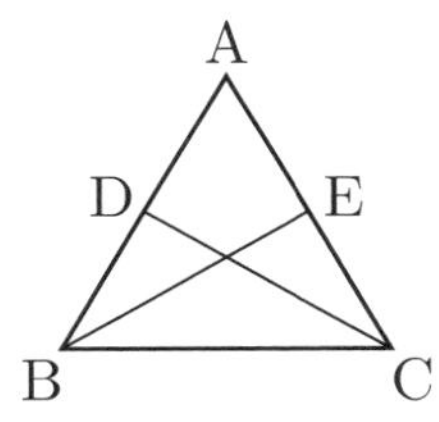

らくらく
マルつけ

Ha-25

平行四辺形の性質①

答えと解き方➡別冊p.12

❶ 次の平行四辺形ABCDについて，あとの辺の長さや角の大きさを求めなさい。また，そのとき使った平行四辺形の性質を答えなさい。

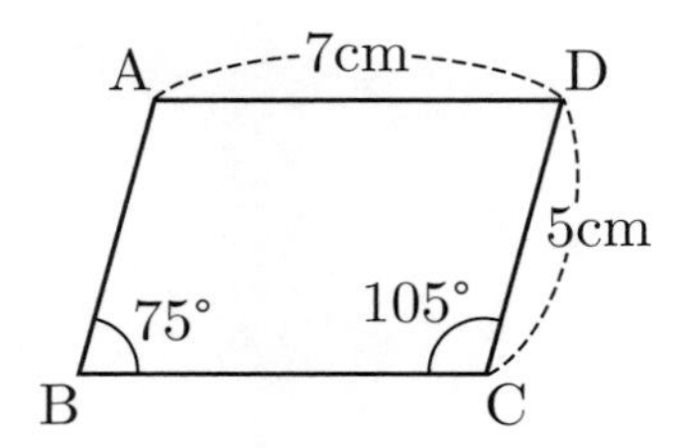

(1) AB

(　　　　　)

性質(　　　　　　　　　　　　　　　　　　　　　)

(2) ∠D

(　　　　　)

性質(　　　　　　　　　　　　　　　　　　　　　)

❷ 次の平行四辺形ABCDについて，あとの線分の長さを求めなさい。また，そのとき使った平行四辺形の性質を答えなさい。

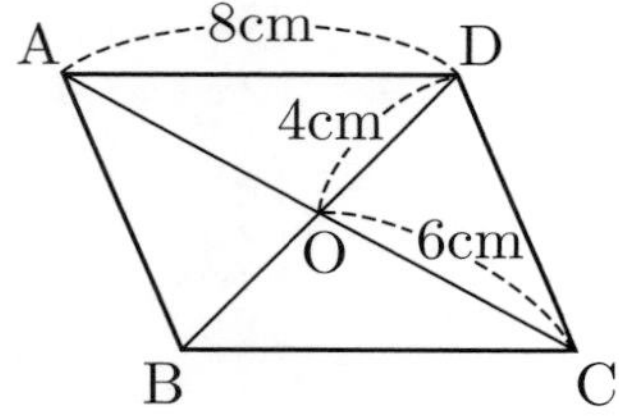

(1) BO

(　　　　　)

性質(　　　　　　　　　　　　　　　　　　　　　)

(2) BC

(　　　　　)

性質(　　　　　　　　　　　　　　　　　　　　　)

ヒント

❶❷次の平行四辺形の性質のうち，いずれかを利用する。
・平行四辺形では，2組の対辺はそれぞれ等しい
・平行四辺形では，2組の対角はそれぞれ等しい
・平行四辺形では，対角線はそれぞれの中点で交わる

❸ 次の平行四辺形ABCDについて，あとの線分の長さや角の大きさを求めなさい。また，そのとき使った平行四辺形の性質を答えなさい。

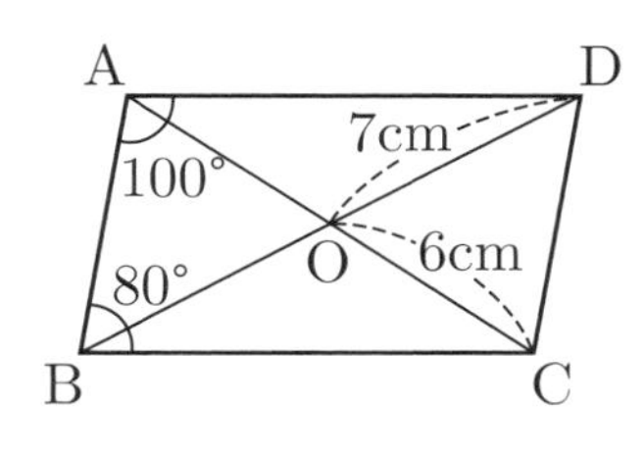

(1)　AO

(　　　　　　)

性質(　　　　　　　　　　　　　　　　　　　　　)

(2)　∠C

(　　　　　　)

性質(　　　　　　　　　　　　　　　　　　　　　)

❹ 次の平行四辺形ABCDについて，あとの線分の長さを求めなさい。また，そのとき使った平行四辺形の性質を答えなさい。

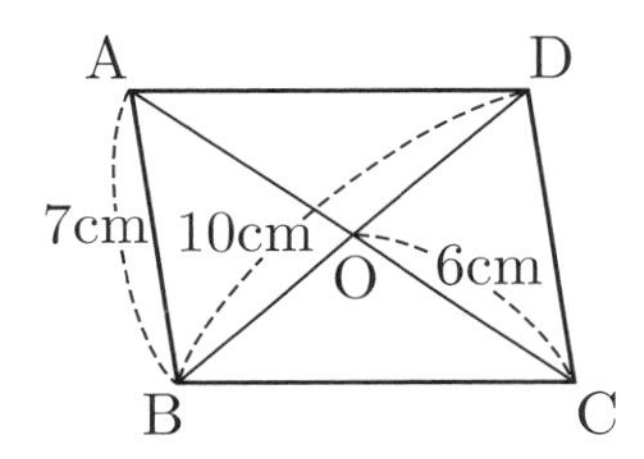

(1)　AO

(　　　　　　)

性質(　　　　　　　　　　　　　　　　　　　　　)

(2)　DC

(　　　　　　)

性質(　　　　　　　　　　　　　　　　　　　　　)

(3)　BO

(　　　　　　)

性質(　　　　　　　　　　　　　　　　　　　　　)

らくらく
マルつけ
Ha-26

平行四辺形の性質❷

答えと解き方➡別冊p.12

❶ 次の平行四辺形ABCDで，EがADの中点，FがBCの中点のとき，△ABE≡△CDFであることを証明します。ア～エにあてはまるものを答えなさい。

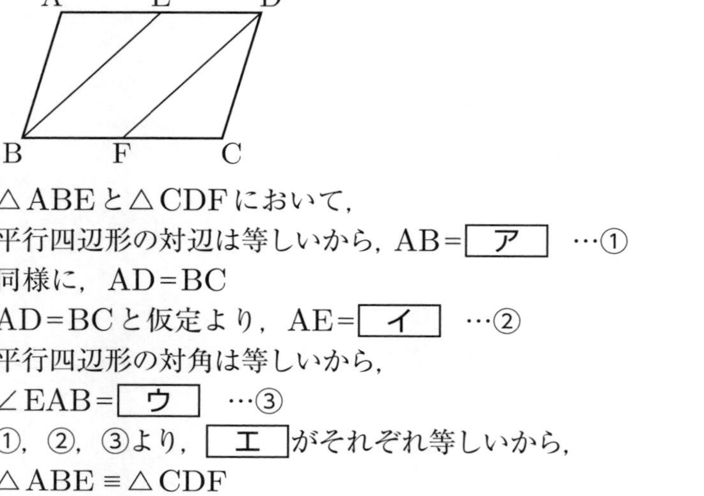

△ABEと△CDFにおいて，
平行四辺形の対辺は等しいから，AB=［ア］ …①
同様に，AD=BC
AD=BCと仮定より，AE=［イ］ …②
平行四辺形の対角は等しいから，
∠EAB=［ウ］ …③
①，②，③より，［エ］がそれぞれ等しいから，
△ABE≡△CDF

ア（　　　　　）　イ（　　　　　）　ウ（　　　　　）
エ（　　　　　）

❷ 次の平行四辺形ABCDで，△AOE≡△COFであることを証明します。ア～エにあてはまるものを答えなさい。

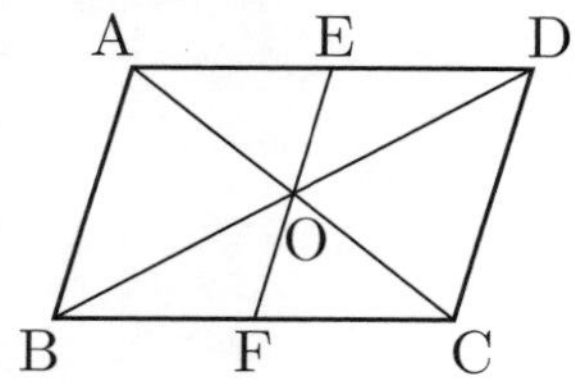

△AOEと△COFにおいて，
平行四辺形の対角線はそれぞれの中点で交わるから，
AO=［ア］ …①
対頂角だから，∠AOE=［イ］ …②
平行線の錯角（さっかく）は等しいから，∠EAO=［ウ］ …③
①，②，③より，［エ］がそれぞれ等しいから，
△AOE≡△COF

ア（　　　　　）　イ（　　　　　）　ウ（　　　　　）
エ（　　　　　）

ヒント

❶ AD=BCと仮定より，長さが等しくなる線分を利用する。

❷ 平行四辺形の2組の対辺は平行なので，平行線の錯角が等しいことを利用できる。

3 次の平行四辺形ABCDで，AE⊥BC，FC⊥ADのとき，△ABE≡△CDFであることを証明しなさい。

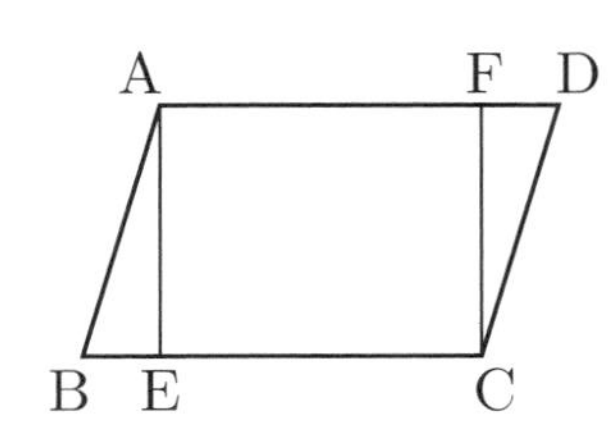

4 次の平行四辺形ABCDで，FがDCの中点のとき，△BCF≡△EDFであることを証明しなさい。

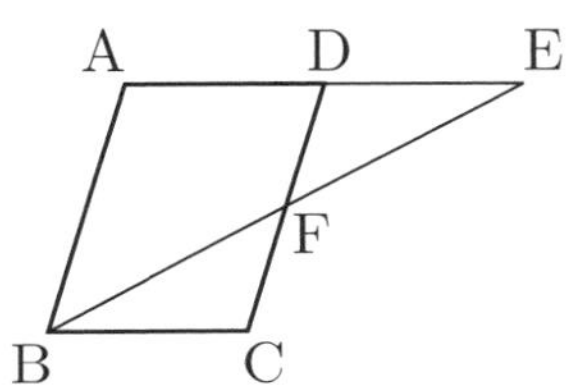

平行四辺形になるための条件❶

答えと解き方➡別冊p.13

❶ 次の四角形ABCDがいつでも平行四辺形である場合は，ア～オからみたしている条件を１つ書きなさい。平行四辺形でないときがある場合は，×を書きなさい。

ア　2組の対辺がそれぞれ平行である。
イ　2組の対辺がそれぞれ等しい。
ウ　2組の対角がそれぞれ等しい。
エ　対角線がそれぞれの中点で交わる。
オ　1組の対辺が平行でその長さが等しい。

(1)　AB＝DC，AD＝BC

(　　　　　　)

(2)　AB＝DC，AD∥BC

(　　　　　　)

(3)　∠A＝∠C，∠B＝∠D

(　　　　　　)

(4)　∠A＝∠B，∠C＝∠D

(　　　　　　)

(5)　AD＝BC，AD∥BC

(　　　　　　)

(6)　対角線の交点をOとして，AO＝BO，CO＝DO

(　　　　　　)

ヒント
❶ それぞれの四角形の図をかいて，いつでも平行四辺形になるか考えるとよい。

❷ 次の四角形ABCDがいつでも平行四辺形である場合は，ア～オからみたしている条件を1つ書きなさい。平行四辺形でないときがある場合は，×を書きなさい。

ア　2組の対辺がそれぞれ平行である。
イ　2組の対辺がそれぞれ等しい。
ウ　2組の対角がそれぞれ等しい。
エ　対角線がそれぞれの中点で交わる。
オ　1組の対辺が平行でその長さが等しい。

(1)　AB∥DC，AD∥BC

(　　　　　)

(2)　AB＝DC，AB∥DC

(　　　　　)

(3)　∠A＝∠D，∠B＝∠C

(　　　　　)

(4)　AD＝BC，AB∥DC

(　　　　　)

(5)　AB＝AD，BC＝DC

(　　　　　)

(6)　対角線の交点をOとして，AO＝CO，BO＝DO

(　　　　　)

(7)　対角線の交点をOとして，AO＝DO，BO＝CO

(　　　　　)

らくらく
マルつけ
Ha-28

平行四辺形になるための条件②

答えと解き方➡別冊p.13

❶ AD＝BCをみたす四角形ABCDが平行四辺形になるには，ア～ウのどの条件を加えればよいか，あてはまるものをすべて答えなさい。

ア　AD∥BC　　イ　AB＝DC　　ウ　AB∥DC

（　　　　　　　　）

❷ AB∥DCをみたす四角形ABCDが平行四辺形になるには，ア～ウのどの条件を加えればよいか，あてはまるものをすべて答えなさい。

ア　AD∥BC　　イ　AD＝BC　　ウ　AB＝DC

（　　　　　　　　）

❸ 次の図で，∠CAD＝∠ACB，∠BAC＝∠DCAのとき，四角形ABCDは平行四辺形であることを証明します。ア～エにあてはまるものを答えなさい。

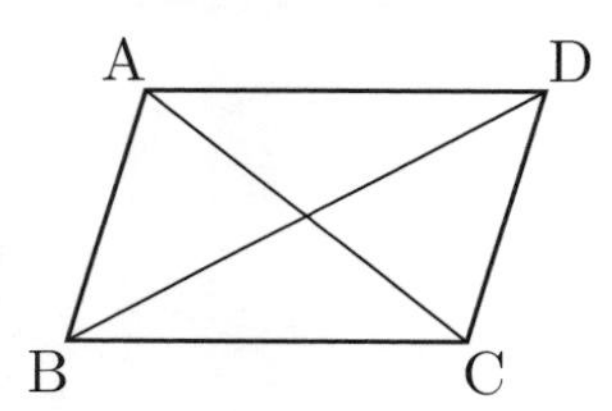

仮定より，∠CAD＝∠ACBであり，
［ア］が等しいから，
AD∥［イ］　…①
同様に，∠BAC＝∠DCAだから，
AB∥［ウ］　…②
①，②より，［エ］から，
四角形ABCDは平行四辺形である。

ア（　　　　）　イ（　　　　）　ウ（　　　　）

エ（　　　　）

ヒント

❶❷ 平行四辺形になる条件のいずれかをみたすものをすべて選ぶ。

❸ 仮定より，平行である辺を示す。

4 AB＝DCをみたす四角形ABCDが平行四辺形になるには，ア～ウのどの条件を加えればよいか，あてはまるものをすべて答えなさい。

ア　AD＝BC　　イ　AD∥BC　　ウ　AB∥DC

（　　　　　　　　）

5 AD∥BCをみたす四角形ABCDが平行四辺形になるには，ア～ウのどの条件を加えればよいか，あてはまるものをすべて答えなさい。

ア　AD＝BC　　イ　AB＝DC　　ウ　AB∥DC

（　　　　　　　　）

6 次の図で，AD＝BC，∠ADB＝∠CBDのとき，四角形ABCDは平行四辺形であることを証明しなさい。

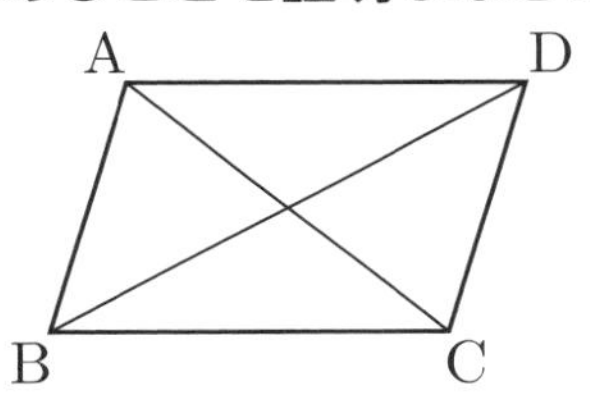

らくらく
マルつけ
Ha-29

平行四辺形になるための条件③

答えと解き方➡別冊p.13

❶ 次の平行四辺形ABCDで，対角線AC上にAE＝CFとなるように2点E，Fをとるとき，四角形EBFDが平行四辺形であることを証明します。ア～オにあてはまるものを答えなさい。

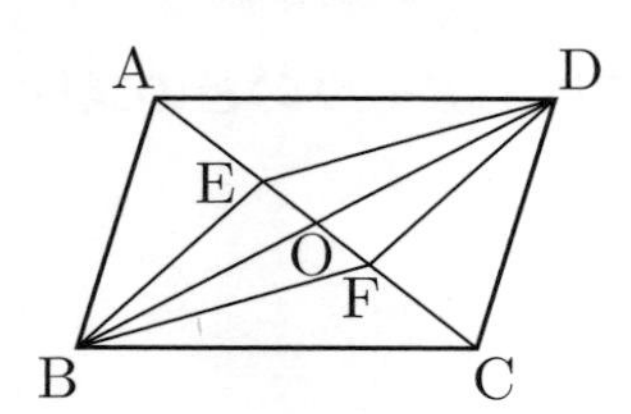

平行四辺形の対角線はそれぞれの中点で交わるから，
BO＝［ア］ …①
同様に，AO＝［イ］ …②
仮定より，AE＝［ウ］ …③
②，③より，EO＝［エ］ …④
①，④より，［オ］から，
四角形EBFDは平行四辺形である。

ア（　　　）　イ（　　　）　ウ（　　　）
エ（　　　）
オ（　　　）

❷ 次の平行四辺形ABCDで，EがADの中点，FがBCの中点のとき，四角形EBFDが平行四辺形であることを証明します。ア～ウにあてはまるものを答えなさい。

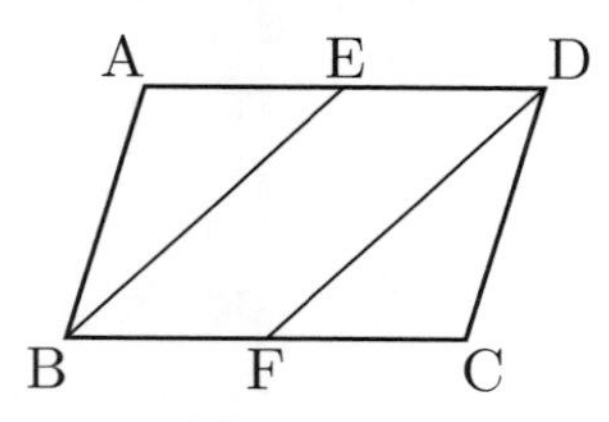

AD//BCだから，ED//［ア］ …①
平行四辺形の対辺は等しいから，AD＝BC，これと仮定より，
ED＝［イ］ …②
①，②より，［ウ］から，
四角形EBFDは平行四辺形である。

ア（　　　）　イ（　　　）
ウ（　　　）

ヒント
❶ 対角線がそれぞれの中点で交わる性質とAE＝CFより，長さが等しくなる線分を示す。

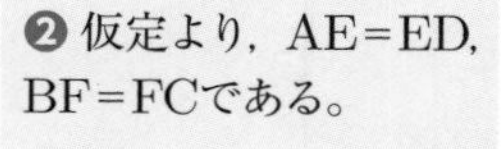

❷ 仮定より，AE＝ED，BF＝FCである。

❸ 次の平行四辺形ABCDで，対角線ACを延長した直線上にEA＝FCとなるように2点E，Fをとるとき，四角形EBFDが平行四辺形であることを証明しなさい。

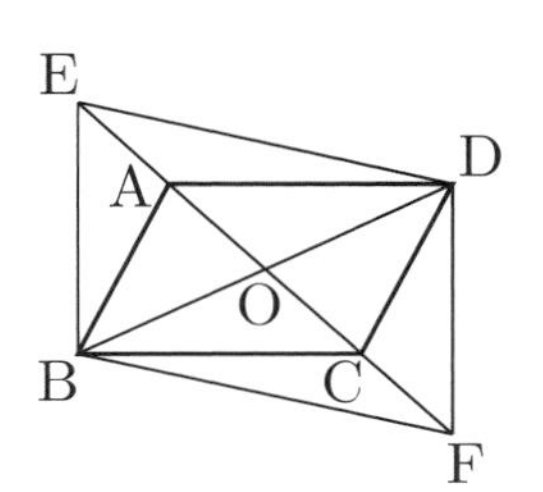

❹ 次の平行四辺形ABCDで，ED＝BFのとき，四角形AFCEが平行四辺形であることを証明しなさい。

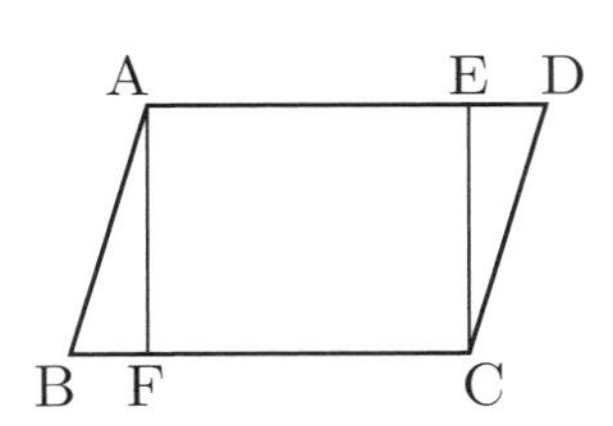

らくらく
マルつけ
Ha-30

長方形

答えと解き方➡別冊p.14

❶ 次の□にあてはまるものを答えなさい。

(1) 長方形は，4つの□がすべて等しい四角形である。

（　　　　　　）

(2) 長方形の1つの角の大きさは□である。

（　　　　　　）

❷ 次の長方形ABCDで，△ABC≡△DCBより，長方形の対角線は等しいことを証明します。ア～オにあてはまるものを答えなさい。

△ABCと△DCBにおいて，
長方形の4つの角はすべて直角だから，
∠ABC＝［ア］…①
長方形の対辺は等しいから，AB＝［イ］…②
共通な辺だから，BC＝［ウ］…③
①，②，③より，
［エ］がそれぞれ等しいから，
△ABC≡△DCB
合同な図形の対応する辺は等しいから，AC＝［オ］
よって，長方形の対角線は等しい。

ア（　　　　）　イ（　　　　）　ウ（　　　　）

エ（　　　　）　オ（　　　　）

ヒント

❶ (2)四角形の内角の和は360°である。

❷ 長方形の対角線が等しいことを証明したいので，直角三角形の合同条件ではなく，三角形の合同条件を利用する。

❸ 次の[　　　]にあてはまる，平行四辺形になるための条件を答えなさい。

(1) 長方形ABCDは，∠A＝∠C，∠B＝∠Dであり，[　　　]から平行四辺形である。

（　　　　　　　　　　　　　　　　　　　）

(2) 長方形ABCDは，AB＝DC，AD＝BCであり，[　　　]から平行四辺形である。

（　　　　　　　　　　　　　　　　　　　）

❹ 次の長方形ABCDで，長方形の対角線は等しいことを利用して，△ABC≡△BADであることを証明しなさい。

A　D
B　C

らくらく
マルつけ

Ha-31

ひし形

答えと解き方➡別冊p.14

❶ 次の□にあてはまるものを答えなさい。

(1) ひし形は，4つの□がすべて等しい四角形である。

（　　　　　）

(2) 周の長さが20cmであるひし形の1つの辺の長さは□である。

（　　　　　）

❷ 次のひし形ABCDで，△ABO≡△CBOより，ひし形の対角線は垂直に交わることを証明します。ア〜オにあてはまるものを答えなさい。

A　D
O
B　C

△ABOと△CBOにおいて，
ひし形の4つの辺はすべて等しいから，
AB=［ア］…①
共通な辺だから，BO=［イ］…②
ひし形の対角線はそれぞれの中点で交わるから，
AO=［ウ］…③
①，②，③より，
［エ］がそれぞれ等しいから，
△ABO≡△CBO
合同な図形の対応する角は等しいから，
∠BOA=［オ］=180°÷2=90°
よって，ひし形の対角線は垂直に交わる。

ア（　　　　）イ（　　　　）ウ（　　　　）
エ（　　　　）オ（　　　　）

ヒント
❶(2)4つの辺の長さの和が20cmである。
❷ひし形の対角線が垂直に交わることを証明したいので，直角三角形の合同条件ではなく，**三角形の合同条件**を利用する。

3 次の□にあてはまる，平行四辺形になるための条件を答えなさい。

(1) ひし形ABCDは，AB＝DC，AD＝BCであり，□から平行四辺形である。

（　　　　　　　　　　　　　　　　　　　）

(2) ひし形ABCDは，対角線の交点をOとすると，AO＝CO，BO＝DOであり，□から平行四辺形である。

（　　　　　　　　　　　　　　　　　　　）

4 次のひし形ABCDで，ひし形の対角線は垂直に交わることを利用して，△ABO≡△ADOであることを証明しなさい。

正方形

答えと解き方➡別冊p.15

❶ 次の［　　］にあてはまるものを答えなさい。

(1) 正方形は，4つの辺がすべて等しい平行四辺形であるから，
［　　］にふくまれる。

（　　　　　　）

(2) 正方形は，4つの角がすべて等しい平行四辺形であるから，
［　　］にふくまれる。

（　　　　　　）

❷ 次の正方形ABCDで，△ABO≡△ADOより，正方形の対角線は垂直に交わることを証明します。ア〜オにあてはまるものを答えなさい。

A　D
O
B　C

△ABOと△ADOにおいて，
正方形の4つの辺はすべて等しいから，
AB=［ア］ …①
共通な辺だから，AO=［イ］ …②
正方形の対角線はそれぞれの中点で交わるから，
BO=［ウ］ …③
①，②，③より，
［エ］がそれぞれ等しいから，
△ABO≡△ADO
合同な図形の対応する角は等しいから，
∠BOA=［オ］=180°÷2=90°
よって，正方形の対角線は垂直に交わる。

ア（　　　　）　イ（　　　　）　ウ（　　　　）
エ（　　　　）　オ（　　　　）

ヒント

❶ 正方形は，**長方形**であり，**ひし形**であるから，両方の性質をもつ。

❷ 正方形の対角線が垂直に交わることを証明したいので，直角三角形の合同条件ではなく，**三角形の合同条件**を利用する。

3 次の□にあてはまる，平行四辺形になるための条件を答えなさい。

(1) 正方形ABCDは，AB＝DC，AD＝BCであり，□から平行四辺形である。

(　　　　　　　　　　　　　　　　　)

(2) 正方形ABCDは，∠A＝∠C，∠B＝∠Dであり，□から平行四辺形である。

(　　　　　　　　　　　　　　　　　)

4 次の正方形ABCDで，△ABC≡△DCBより，正方形の対角線は等しいことを証明しなさい。

らくらく
マルつけ

Ha-33

特別な平行四辺形

答えと解き方➡別冊p.15

❶ 平行四辺形ABCDが長方形になるには，ア～ウのどの条件を加えればよいか，あてはまるものを1つ答えなさい。

ア　∠A=90°　　イ　AB=BC　　ウ　∠A=∠C

(　　　　　　　　)

❷ ひし形ABCDが正方形になるには，ア～ウのどの条件を加えればよいか，あてはまるものを1つ答えなさい。

ア　∠A=∠C　　イ　AB∥DC　　ウ　AB⊥BC

(　　　　　　　　)

❸ 次の四角形は，ア～ウのどの性質をもっているか，あてはまるものをすべて答えなさい。

ア　∠A=90°　イ　AB=BC=DC=AD　ウ　AB∥DC

(1)　平行四辺形ABCD

(　　　　　　　　)

(2)　ひし形ABCD

(　　　　　　　　)

ヒント

❶❷平行四辺形の性質をもとに，さらに必要な条件はどれか考える。

❸(2)ひし形は平行四辺形の性質ももつ。

4 平行四辺形ABCDがひし形になるには，ア～ウのどの条件を加えればよいか，あてはまるものを1つ答えなさい。

ア　$\angle A=90^\circ$　　イ　AB=BC　　ウ　$\angle A=\angle C$

（　　　　　　　）

5 平行四辺形ABCDが正方形になるには，ア～ウのどの条件を加えればよいか，必要なものをすべて答えなさい。

ア　$AB \perp BC$　　イ　BC=DC　　ウ　$\angle B=\angle D$

（　　　　　　　）

6 長方形ABCDが正方形になるには，ア～ウのどの条件を加えればよいか，あてはまるものを1つ答えなさい。

ア　AB=DC　　イ　AB=BC　　ウ　$AB \perp BC$

（　　　　　　　）

7 次の四角形は，ア～ウのどの性質をもっているか，あてはまるものをすべて答えなさい。

ア　$\angle A=90^\circ$　イ　AB=BC=DC=AD　ウ　$AB /\!/ DC$

(1)　長方形ABCD

（　　　　　　　）

(2)　正方形ABCD

（　　　　　　　）

らくらく
マルつけ

Ha-34

平行線と面積❶

答えと解き方➡別冊p.16

❶ 次の図の四角形ABCDは平行四辺形である。あとの問いに答えなさい。

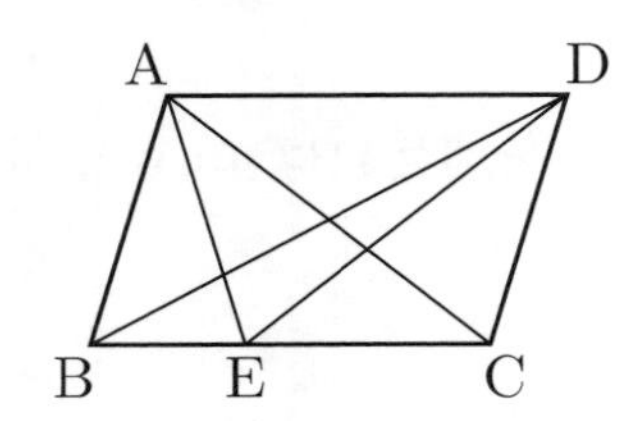

(1) △ABEと面積が等しい三角形を1つ答えなさい。

(　　　　　　　　　)

(2) △AECと面積が等しい三角形を1つ答えなさい。

(　　　　　　　　　)

❷ 次の図の四角形ABCDは平行四辺形であり，EF // ACである。あとの問いに答えなさい。

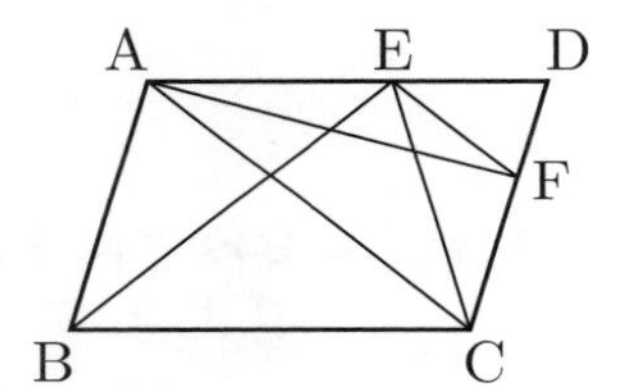

(1) △AFEと面積が等しい三角形を1つ答えなさい。

(　　　　　　　　　)

(2) △ABEと面積が等しい三角形をすべて答えなさい。

(　　　　　　　　　　　　　　)

ヒント

❶ (1)△ABEと共通な辺をもち，高さが等しい三角形を見つける。
(2)△AECと共通な辺をもち，高さが等しい三角形を見つける。

❷ (1)△AFEと共通な辺をもち，高さが等しい三角形を見つける。
(2)△ABEと共通な辺をもち，高さが等しい三角形を見つける。さらに，**その三角形と面積が等しい三角形を見つける。**

❸ 次の図の四角形ABCDは平行四辺形である。あとの問いに答えなさい。

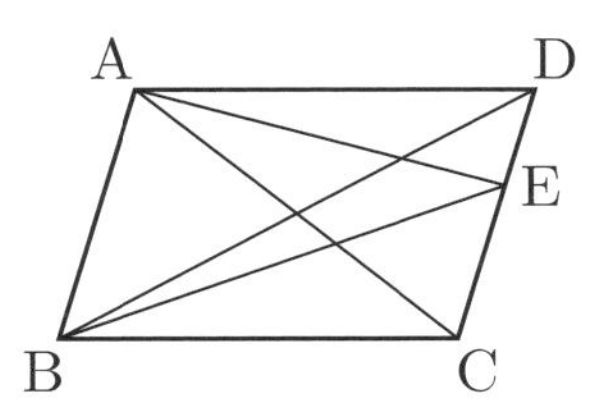

(1) △BEDと面積が等しい三角形を1つ答えなさい。

(　　　　　　　　)

(2) △ACEと面積が等しい三角形を1つ答えなさい。

(　　　　　　　　)

❹ 次の図の四角形ABCDは平行四辺形であり，EF // DGである。あとの問いに答えなさい。

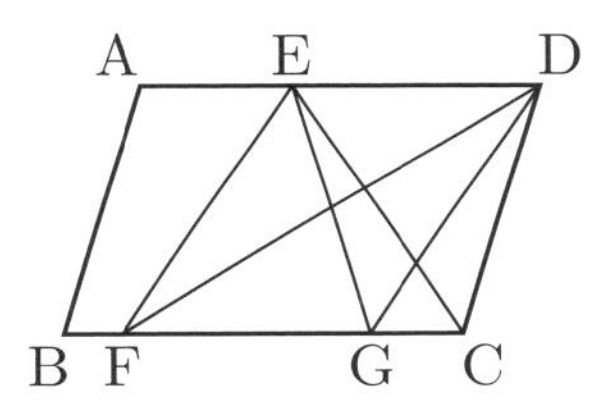

(1) △EGCと面積が等しい三角形を1つ答えなさい。

(　　　　　　　　)

(2) △DFCと面積が等しい三角形を1つ答えなさい。

(　　　　　　　　)

(3) △EFGと面積が等しい三角形をすべて答えなさい。

(　　　　　　　　　　　　　　　　)

らくらく
マルつけ
Ha-35

平行線と面積②

答えと解き方➡別冊p.16

❶ 次の図の四角形ABCDがAD // BCのとき，あとの問いに答えなさい。

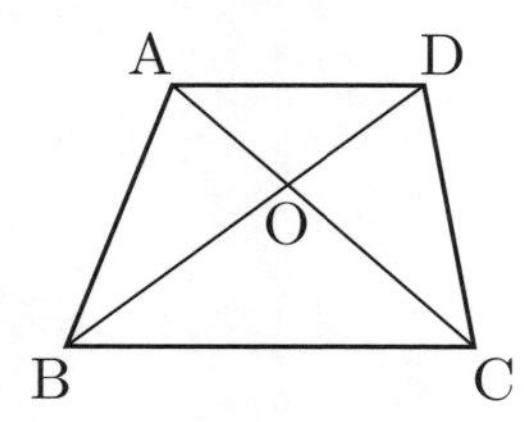

(1) △ABCの面積が10 cm^2，△OBCの面積が6 cm^2のとき，△DOCの面積を求めなさい。

(　　　　　　　　)

(2) △ABOの面積が9 cm^2，△AODの面積が6 cm^2のとき，△ACDの面積を求めなさい。

(　　　　　　　　)

❷ 次の図の四角形ABCDがAB // DCで，EがABの中点のとき，あとの問いに答えなさい。

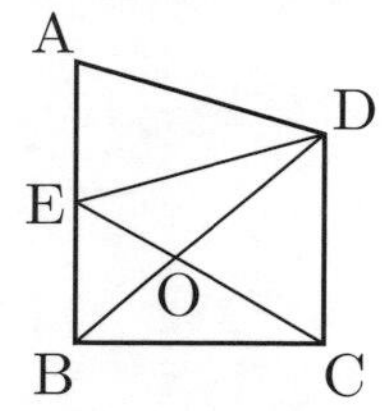

(1) △EBDの面積が8 cm^2，△EBOの面積が3 cm^2のとき，△OBCの面積を求めなさい。

(　　　　　　　　)

(2) △AEDの面積が20 cm^2，△OBCの面積が12 cm^2のとき，△EBOの面積を求めなさい。

(　　　　　　　　)

ヒント

❶ 面積が等しい三角形を見つける。
(1)△ABC=△DBC
(2)△ABD=△ACD

❷ 面積が等しい三角形を見つける。
(1)△EBD=△EBC
(2)EはABの中点だから，△AED=△EBC

❸ 次の図の四角形ABCDがAD // BCのとき，あとの問いに答えなさい。

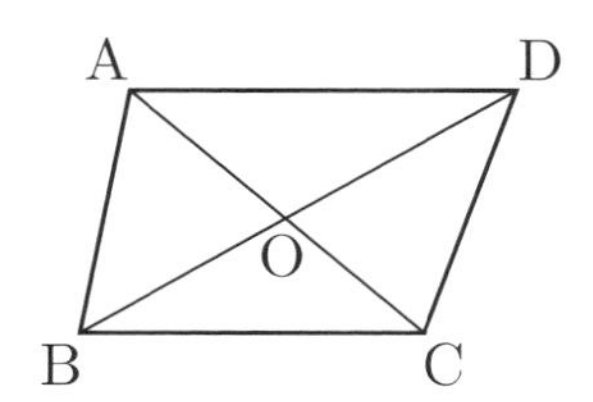

(1) △ABCの面積が18cm²，△DOCの面積が10cm²のとき，△OBCの面積を求めなさい。

(　　　　　　)

(2) △ABOの面積が12cm²のとき，△DOCの面積を求めなさい。

(　　　　　　)

❹ 次の図の四角形ABCDがAB // DCで，EがDCの中点のとき，あとの問いに答えなさい。

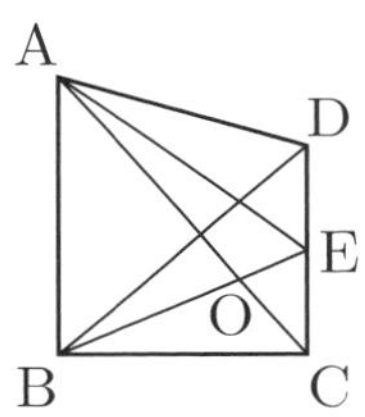

(1) △ACDの面積が14cm²のとき，△ACEの面積を求めなさい。

(　　　　　　)

(2) △AEDの面積が16cm²，△BCOの面積が12cm²のとき，△OCEの面積を求めなさい。

(　　　　　　)

(3) 四角形ABCDの面積が27cm²，△ACDの面積が12cm²のとき，△ABDの面積を求めなさい。

(　　　　　　)

らくらく
マルつけ
Ha-36

平行線と面積③

答えと解き方➡別冊p.16

❶ 次の図の△ABCで，AF // DE，EがBCの中点のとき，あとの問いに答えなさい。

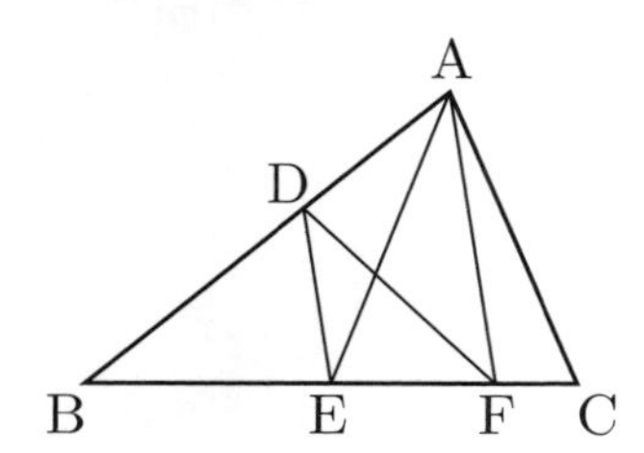

(1) △ABCの面積が$20\,cm^2$のとき，△AECの面積を求めなさい。

(　　　　　　　)

(2) △ADFと面積が等しい三角形を答えなさい。

(　　　　　　　)

(3) △AECと面積が等しい四角形を答えなさい。

(　　　　　　　)

❷ 次の図の△ABCで，DがBCの中点のとき，△FBEの面積が△ABCの面積の半分となるAB上の点Fを作図しなさい。

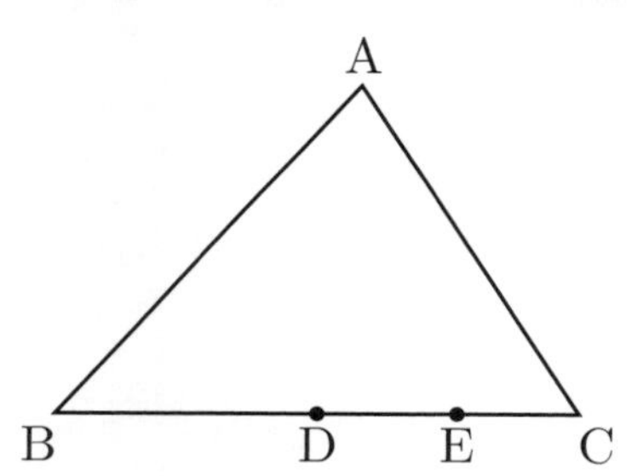

ヒント

❶ (1)△ABEと△AECの面積の関係を考える。
(2)△ADFと底辺が共通で高さが等しい三角形を見つける。
(3)△AEC＝△AEF＋△AFCと考える。

❷ AEに平行な直線をひき，△ADE＝△AFEとなる点Fを作図する。

❸ 次の図の△ABCで，DB // EF，EがACの中点，GがFCの中点のとき，あとの問いに答えなさい。

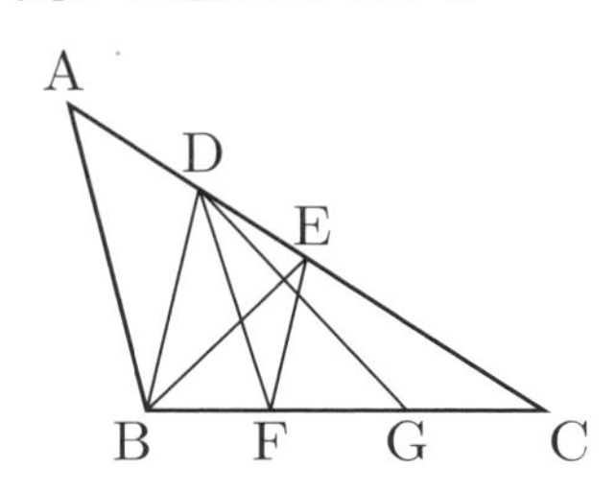

(1) △ABEの面積が9cm^{2}のとき，△ABCの面積を求めなさい。

(　　　　　　　　　　)

(2) △DBFと面積が等しい三角形を答えなさい。

(　　　　　　　　　　)

(3) △ABEと面積が等しい四角形を答えなさい。

(　　　　　　　　　　)

(4) △ABCの面積が24cm^{2}のとき，△DGCの面積を求めなさい。

(　　　　　　　　　　)

❹ 次の図の△ABCで，DがABの中点のとき，△EBFの面積が△ABCの面積の半分となるBC上の点Fを作図しなさい。

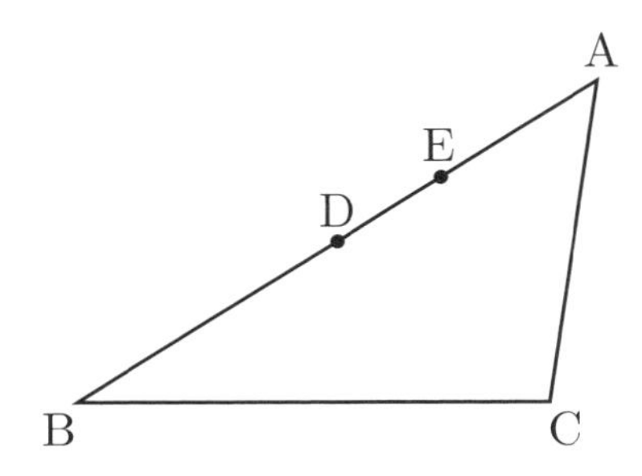

らくらく
マルつけ
Ha-37

平行線と面積❹

答えと解き方➡別冊p.17

❶ 次の図に，△ABEの面積が四角形ABCDの面積と等しくなる点Eを作図しなさい。

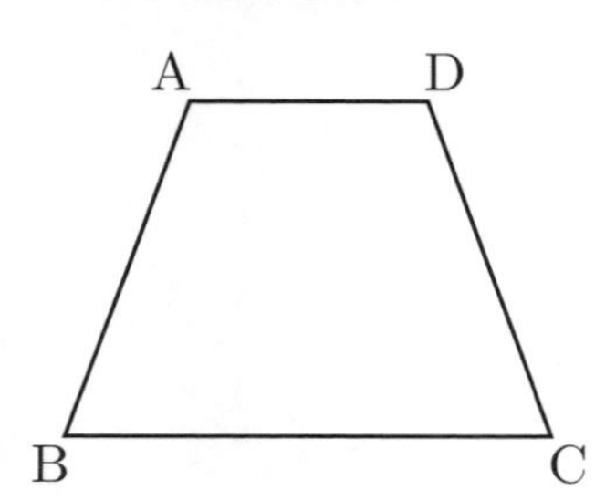

ヒント

❶ △ABEができるように,△ACD=△ACEとなる点Eを作図する。

❷ 次の図に，△DECの面積が四角形ABCDの面積と等しくなる点Eを作図しなさい。

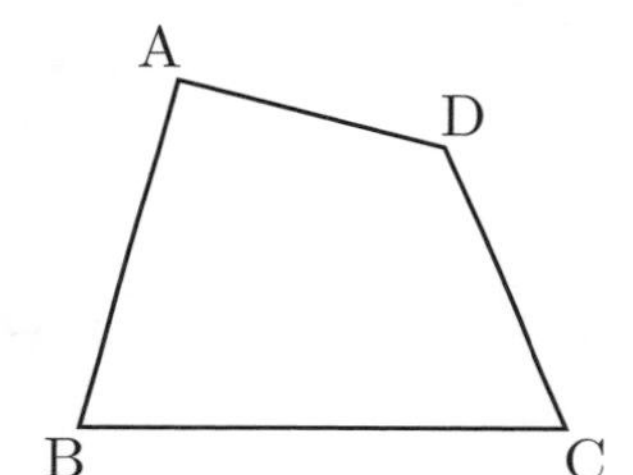

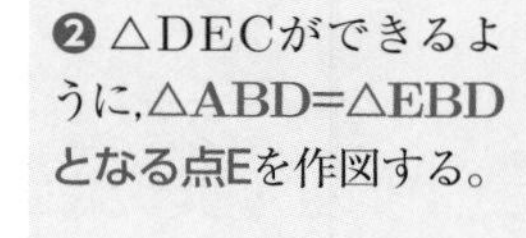

❷ △DECができるように,△ABD=△EBDとなる点Eを作図する。

❸ 次の図に，△EBCの面積が四角形ABCDの面積と等しくなる点Eを作図しなさい。

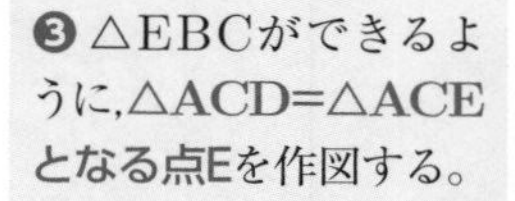

❸ △EBCができるように,△ACD=△ACEとなる点Eを作図する。

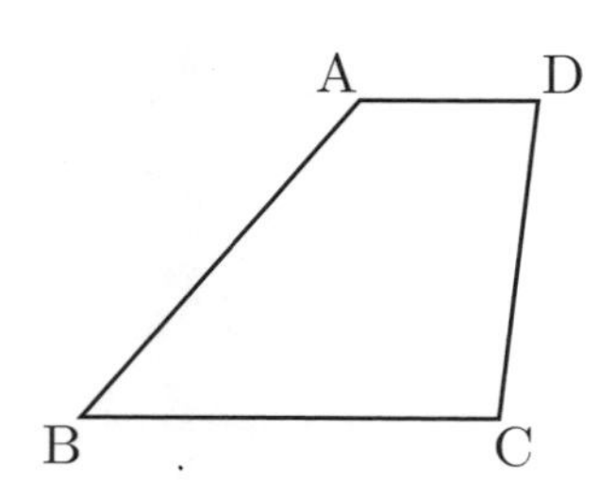

4 次の図に，△ABEの面積が四角形ABCDの面積と等しくなる点Eを作図しなさい。

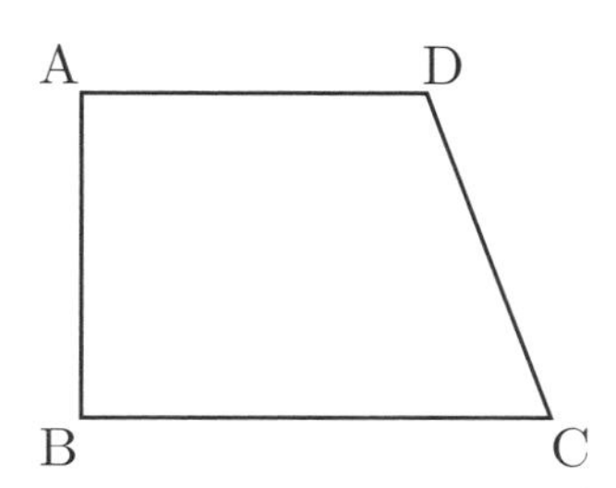

5 次の図に，△ECDの面積が四角形ABCDの面積と等しくなる点Eを作図しなさい。

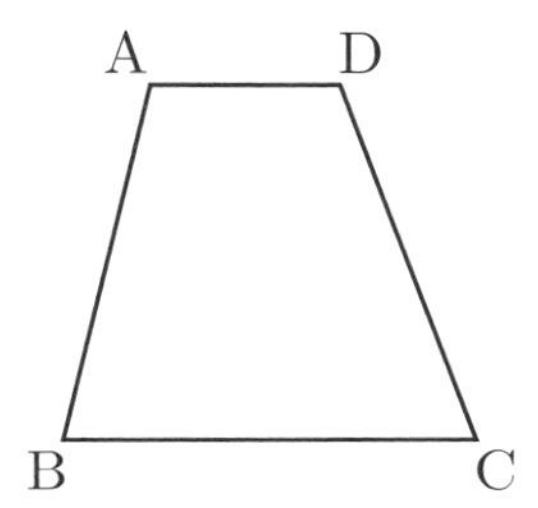

6 次の図に，△DECの面積が四角形ABCDの面積と等しくなる点Eを作図しなさい。

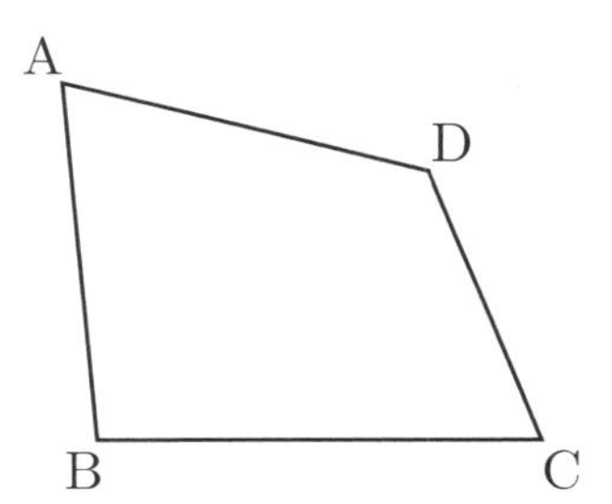

7 次の図に，△ABEの面積が四角形ABCDの面積と等しくなる点Eを作図しなさい。

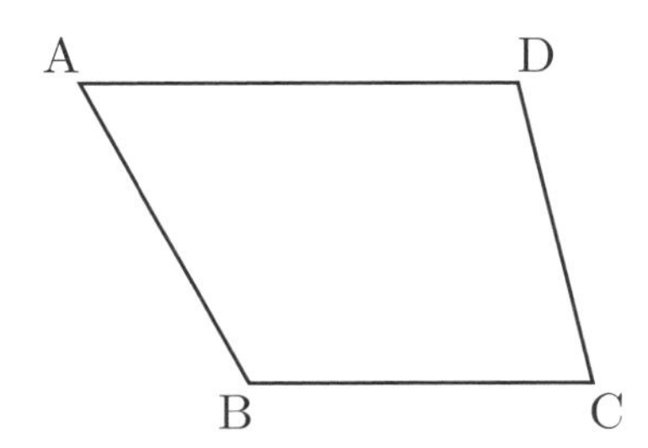

らくらく
マルつけ
Ha-38

まとめのテスト❷

／100点

答えと解き方➡別冊p.18

❶ 次の図で，∠xの大きさを求めなさい。 [10点×2＝20点]

(1)

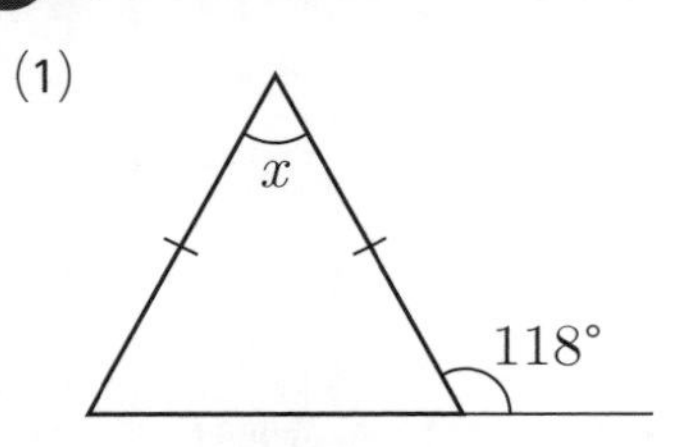

(　　　　　　)

(2)

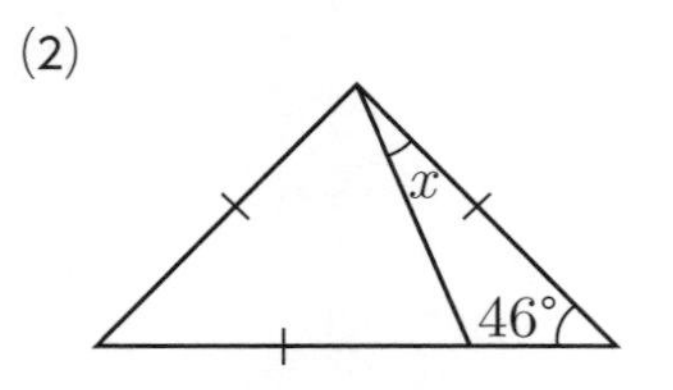

(　　　　　　)

❷ 次のことがらの逆を答え，それが正しいときは○を，正しくないときは×を書きなさい。 [10点×2＝20点]

(1)　正方形は，すべての辺が等しい四角形である。

逆(　　　　　　　　　　　　)

(　　　)

(2)　ひし形は，対角線が垂直に交わる四角形である。

逆(　　　　　　　　　　　　)

(　　　)

❸ 次の図の四角形ABCDは平行四辺形であり，AB // EFである。△ABFと面積が等しい三角形をすべて答えなさい。 [10点]

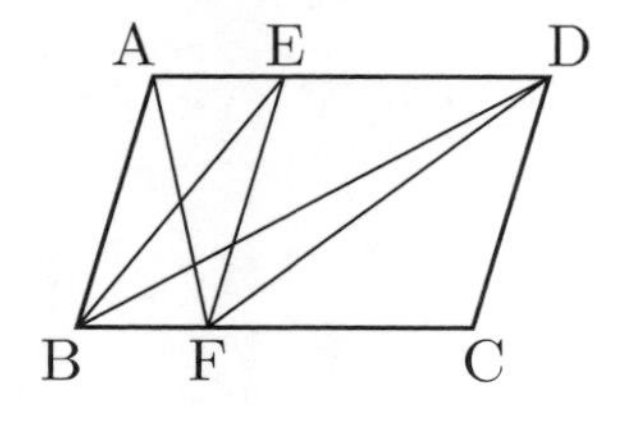

(　　　　　　　　　　　　)

4 次の平行四辺形ABCDで，BE＝FDのとき，△ABE≡△CDFであることを証明しなさい。

［25点］

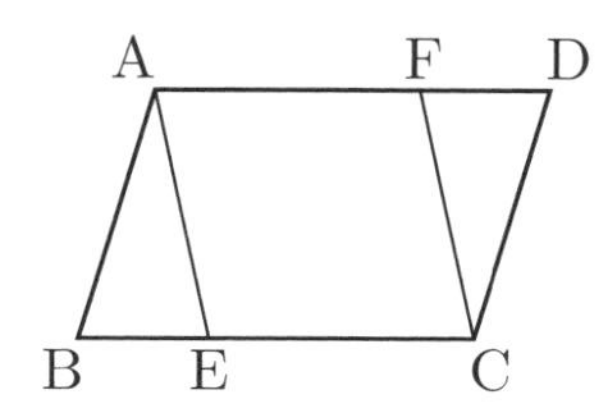

5 次の図で，AB＝AC，AB⊥DC，AC⊥EBのとき，∠ABE＝∠ACDであることを証明しなさい。［25点］

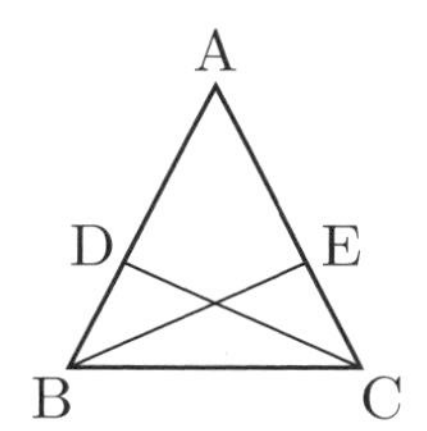

らくらく
マルつけ

Ha-39

いろいろな確率①

答えと解き方➡別冊p.18

❶ 1つのさいころを投げるとき，次の問いに答えなさい。

(1) 起こる場合は，全部で何通りか答えなさい。

(　　　　　　)

(2) 偶数(ぐうすう)の目が出る場合は，全部で何通りか答えなさい。

(　　　　　　)

(3) 偶数の目が出る確率を求めなさい。

(　　　　　　)

❷ ジョーカーを除く52枚のトランプから1枚をひくとき，次の問いに答えなさい。

(1) ひいたカードがスペードである場合は，全部で何通りか答えなさい。

(　　　　　　)

(2) ひいたカードがスペードである確率を求めなさい。

(　　　　　　)

(3) ひいたカードが5である場合は，全部で何通りか答えなさい。

(　　　　　　)

(4) ひいたカードが5である確率を求めなさい。

(　　　　　　)

ヒント

❶(1)1～6の目のいずれかが出る。
(2)偶数の目は，2，4，6
(3)偶数の目が出る場合の数を，**全部の場合の数でわる。**

❷(1)(3)4つのマークそれぞれに1～13のカードがある。
(2)スペードのカードが出る場合の数を，**全部の場合の数でわる。**
(4)5のカードが出る場合の数を，**全部の場合の数でわる。**

❸ 1つのさいころを投げるとき，次の問いに答えなさい。

(1) 2の目が出る場合は，全部で何通りか答えなさい。

(　　　　　　)

(2) 2の目が出る確率を求めなさい。

(　　　　　　)

(3) 3の倍数の目が出る場合は，全部で何通りか答えなさい。

(　　　　　　)

(4) 3の倍数の目が出る確率を求めなさい。

(　　　　　　)

❹ ジョーカーを除く52枚のトランプから1枚をひくとき，次の問いに答えなさい。

(1) ひいたカードがハートかダイヤである場合は，全部で何通りか答えなさい。

(　　　　　　)

(2) ひいたカードがハートかダイヤである確率を求めなさい。

(　　　　　　)

(3) ひいたカードが3以下である場合は，全部で何通りか答えなさい。

(　　　　　　)

(4) ひいたカードが3以下である確率を求めなさい。

(　　　　　　)

らくらく
マルつけ

Ha-40

いろいろな確率❷

答えと解き方➡別冊p.19

❶ 1つのさいころを投げるとき，次の問いに答えなさい。

(1) 2以下の目が出る確率を求めなさい。

(　　　　　　　)

(2) 7以上の目が出る確率を求めなさい。

(　　　　　　　)

(3) 6以下の目が出る確率を求めなさい。

(　　　　　　　)

❷ ジョーカーを除く52枚のトランプから1枚をひくとき，次の問いに答えなさい。

(1) ひいたカードがハートの3である確率を求めなさい。

(　　　　　　　)

(2) ひいたカードが1以上である確率を求めなさい。

(　　　　　　　)

ヒント

❶ (1)2以下の目が出る場合は，2通りである。
(2)7以上の目が出る場合は，0通りである。
(3)6以下の目が出る場合は，6通りである。

❷ (1)ハートの3である場合は，1通りである。
(2)1以上である場合は，52通りである。

3 **赤球が3個，白球が2個入った箱から球を1個取り出すとき，次の問いに答えなさい。**

(1) 取り出した球が白球である確率を求めなさい。

( )

(2) 取り出した球が赤球である確率を求めなさい。

( )

(3) 取り出した球が赤球か白球である確率を求めなさい。

( )

4 **1から10の整数が1つずつ書かれた10枚のカードから1枚をひくとき，次の問いに答えなさい。**

(1) ひいたカードに書かれた数が3の倍数である確率を求めなさい。

( )

(2) ひいたカードに書かれた数が8より大きい確率を求めなさい。

( )

(3) ひいたカードに書かれた数が負の数である確率を求めなさい。

( )

らくらく
マルつけ
Ha-41

いろいろな確率③

答えと解き方➡別冊p.19

❶ 1枚の硬貨（こうか）を何回か投げるとき，次の問いに答えなさい。

(1) 2回投げて，表が2回出る確率を求めなさい。

（　　　　　）

(2) 2回投げて，表が1回，裏が1回出る確率を求めなさい。

（　　　　　）

(3) 3回投げて，裏が3回出る確率を求めなさい。

（　　　　　）

❷ 赤球が1個，白球が2個入った箱から球を1個取り出し，色を確認して箱にもどし，ふたたび箱から球を1個取り出すとき，次の問いに答えなさい。

(1) 取り出した球が2回とも赤球である確率を求めなさい。

（　　　　　）

(2) 取り出した球が2回とも白球である確率を求めなさい。

（　　　　　）

ヒント

❶ (1)2回投げたとき，どのような面の出方があるかを整理して考える。
(2)表が先に出る場合と，裏が先に出る場合がある。
(3)投げる回数が増えても，(1)と同様に整理して考える。

❷ 2個の白球を，白球1，白球2のように区別して考える。また，取り出した球を箱にもどすから，1回目と2回目で同じ球を取り出すことがある。
(2)1回目に白球1または白球2を取り出し，2回目に白球1または白球2を取り出す場合を考える。

❸ 1枚の硬貨を何回か投げるとき，次の問いに答えなさい。

(1) 2回投げて，裏が2回出る確率を求めなさい。

(　　　　　　　　)

(2) 3回投げて，表が2回，裏が1回出る確率を求めなさい。

(　　　　　　　　)

(3) 3回投げて，表が1回，裏が2回出る確率を求めなさい。

(　　　　　　　　)

❹ 赤球，白球，青球がそれぞれ1個ずつ入った箱から球を1個取り出し，色を確認して箱にもどし，ふたたび箱から球を1個取り出すとき，次の問いに答えなさい。

(1) 取り出した球が2回とも青球である確率を求めなさい。

(　　　　　　　　)

(2) 取り出した球が1回は赤球で，もう1回は白球である確率を求めなさい。

(　　　　　　　　)

(3) 取り出した球が2回とも青球以外である確率を求めなさい。

(　　　　　　　　)

らくらく
マルつけ

Ha-42

いろいろな確率④

答えと解き方➡別冊p.20

❶ 大小2個のさいころを投げるとき，次の問いに答えなさい。

(1) 次の表の空欄(くうらん)に，2個のさいころの目の数の和を書きなさい。

大＼小	1	2	3	4	5	6
1						
2						
3						
4						
5						
6						

(2) 出た目の数の和が，6になる確率を求めなさい。

(　　　　　　　　)

(3) 出た目の数の和が，10以上になる確率を求めなさい。

(　　　　　　　　)

(4) 出た目の数の和が，偶数(ぐうすう)になる確率を求めなさい。

(　　　　　　　　)

(5) 出た目の数の和が，3の倍数になる確率を求めなさい。

(　　　　　　　　)

ヒント

❶ 2個のさいころを投げたときの確率は，表を使って考えるとよい。
(2)〜(5)表を使って，あてはまる場合が何通りあるか数える。

❷ 大小2個のさいころを投げるとき，次の問いに答えなさい。

(1) 次の表の空欄に，2個のさいころの目の数の積を書きなさい。

大＼小	1	2	3	4	5	6
1						
2						
3						
4						
5						
6						

(2) 出た目の数の積が，12になる確率を求めなさい。

(　　　　　　　)

(3) 出た目の数の積が，18以上になる確率を求めなさい。

(　　　　　　　)

(4) 出た目の数の積が，奇数(きすう)になる確率を求めなさい。

(　　　　　　　)

(5) 出た目の数の積が，偶数になる確率を求めなさい。

(　　　　　　　)

(6) 出た目の数の積が，6の倍数になる確率を求めなさい。

(　　　　　　　)

らくらく
＼マルつけ／

Ha-43

いろいろな確率⑤

答えと解き方➡別冊p.20

❶ 1枚の硬貨(こうか)を何回か投げるとき，次の問いに答えなさい。

(1) 3回投げて，表が3回出る確率を求めなさい。

( )

(2) 3回投げて，裏が少なくとも1回出る確率を求めなさい。

( )

❷ 赤球が3個，白球が1個入った箱から球を1個取り出し，色を確認して箱にもどし，ふたたび箱から球を1個取り出すとき，次の問いに答えなさい。

(1) 取り出した球が2回とも白球である確率を求めなさい。

( )

(2) 取り出した球が少なくとも1回は赤球である確率を求めなさい。

( )

ヒント

❶ (1)面の出方が全部で何通りあるか整理する。
(2)裏が少なくとも1回出る確率は，**1−(裏が1回も出ない確率)**で求められる。

❷ (1)球の出方は全部で16通りである。
(2)少なくとも1回は赤球である確率は，**1−(赤球が1回も出ない確率)**で求められる。

3 大小2個のさいころを投げるとき，次の問いに答えなさい。

(1) 2個のさいころの目の数がどちらも6である確率を求めなさい。

(　　　　　　　　)

(2) 少なくとも1個のさいころの目の数が5以下である確率を求めなさい。

(　　　　　　　　)

(3) 少なくとも1個のさいころの目の数が4以下である確率を求めなさい。

(　　　　　　　　)

4 赤球が2個，白球が2個入った箱から球を1個取り出し，色を確認して箱にもどし，ふたたび箱から球を1個取り出すとき，次の問いに答えなさい。

(1) 取り出した球が2回とも赤球である確率を求めなさい。

(　　　　　　　　)

(2) 取り出した球が少なくとも1回は白球である確率を求めなさい。

(　　　　　　　　)

らくらく
マルつけ
Ha-44

いろいろな確率⑥

答えと解き方➡別冊p.21

❶ くじびきによって，A，B，C，Dの4人から，班長，副班長をそれぞれ1人選ぶとき，Aが班長，Bが副班長になる確率を求めなさい。

(　　　　　　　　)

❷ くじびきによって，A，B，C，Dの4人から，学級委員を2人選ぶとき，次の問いに答えなさい。ただし，どの場合が起こることも同様に確からしいとする。

(1) 選び方は全部で何通りあるか求めなさい。

(　　　　　　　　)

(2) BとCが選ばれる確率を求めなさい。

(　　　　　　　　)

❸ トランプの，ハートの1，ハートの2，ダイヤの1を，よくきってから並べて3けたの整数をつくるとき，次の問いに答えなさい。

(1) 3けたの整数は何通りできるか求めなさい。

(　　　　　　　　)

(2) 200より小さい整数ができる確率を求めなさい。

(　　　　　　　　)

ヒント

❶ Aが班長になる場合は，3通りであり，B，C，Dが班長になる場合も同様である。

❷ (1)組み合わせを，AとB，AとC，AとD，BとC，…と数える。
(2)BとCが選ばれるのは1通りである。

❸ どのような3けたの整数ができるか整理する。

❹ くじびきによって，A，B，C，D，Eの５人から，班長，副班長をそれぞれ１人選ぶとき，Cが班長，Eが副班長になる確率を求めなさい。

(　　　　　　)

❺ くじびきによって，A，B，C，D，Eの５人から，学級委員を２人選ぶとき，次の問いに答えなさい。

(1) 選び方は全部で何通りあるか求めなさい。

(　　　　　　)

(2) Aが選ばれる確率を求めなさい。

(　　　　　　)

(3) Aが選ばれない確率を求めなさい。

(　　　　　　)

❻ Aと書かれたカード２枚と，Bと書かれたカード１枚を，よくきってから並べてAABのような３文字の並びをつくるとき，次の問いに答えなさい。

(1) ３文字の並びは何通りできるか求めなさい。

(　　　　　　)

(2) ３文字の並びがBAAになる確率を求めなさい。

(　　　　　　)

らくらくマルつけ

Ha-45

いろいろな確率⑦

答えと解き方➡別冊p.22

❶ 1から4の整数が1つずつ書かれた4枚のカードをよくきってから2枚をひいて並べ，2けたの整数をつくるとき，次の問いに答えなさい。

(1) 2けたの整数は何通りできるか求めなさい。

(　　　　　　　)

(2) 2けたの整数が40より大きい確率を求めなさい。

(　　　　　　　)

(3) 2けたの整数が偶数(ぐうすう)である確率を求めなさい。

(　　　　　　　)

❷ 100円，50円，10円の硬貨(こうか)が1枚ずつあり，3枚を同時に投げるとき，次の問いに答えなさい。

(1) 表が出た硬貨の合計金額は全部で何通りあるか求めなさい。

(　　　　　　　)

(2) 表が出た硬貨の合計金額が100円以上である確率を求めなさい。

(　　　　　　　)

ヒント

❶(1)十の位の数が1の場合，12，13，14の3通りがある。
2，3，4の場合も同様に考える。

❷(1)3枚とも表の場合や，裏の場合もあることに注意する。

❸ 1から3の整数が1つずつ書かれた3枚のカードをよくきってから並べて3けたの整数をつくるとき，次の問いに答えなさい。

(1) 3けたの整数は何通りできるか求めなさい。

(　　　　　　　　)

(2) 3けたの整数が230より大きい確率を求めなさい。

(　　　　　　　　)

(3) 3けたの整数が奇数（きすう）である確率を求めなさい。

(　　　　　　　　)

❹ 50円，10円，1円の硬貨が1枚ずつあり，3枚を同時に投げるとき，次の問いに答えなさい。

(1) 表が出た硬貨の合計金額が50円以下である確率を求めなさい。

(　　　　　　　　)

(2) 表が出た硬貨の合計金額が60円以上である確率を求めなさい。

(　　　　　　　　)

らくらく
マルつけ

Ha-46

まとめのテスト③

答えと解き方➡別冊p.22

❶ ジョーカーを除く52枚のトランプから1枚をひくとき，ひいたカードのマークがスペードで，数字が4以下である確率を求めなさい。［15点］

（　　　　　　）

❷ 3枚のカードがあり，それぞれのカードにはA，B，Cと書かれている。これらを，よくきってから並べてABCのような3文字の並びをつくるとき，次の問いに答えなさい。［10点×2＝20点］

(1)　Aと書かれたカードと，Bと書かれたカードがとなり合う確率を求めなさい。

（　　　　　　）

(2)　Bと書かれたカードが中央にある確率を求めなさい。

（　　　　　　）

❸ 1から4の整数が1つずつ書かれた4枚のカードから2枚をひくとき，それらに書かれている数の積が奇数(きすう)である確率を求めなさい。［15点］

（　　　　　　）

❹ くじびきによって，A，B，C，D，Eの5人から，班長，副班長をそれぞれ1人選ぶとき，次の問いに答えなさい。 [10点×3＝30点]

(1) Aが班長になる確率を求めなさい。

( )

(2) Aが副班長になる確率を求めなさい。

( )

(3) Aが班長にも副班長にもならない確率を求めなさい。

( )

❺ 大小2個のさいころを投げるとき，次の問いに答えなさい。 [10点×2＝20点]

(1) 2個のさいころの目の数がどちらも奇数である確率を求めなさい。

( )

(2) 少なくとも1個のさいころの目の数が偶数（ぐうすう）である確率を求めなさい。

( )

らくらく
マルつけ

Ha-47

四分位数

答えと解き方➡別冊p.23

❶ 次のデータについて，あとの問いに答えなさい。

1，3，4，5，6，6，7，8

(1) 第2四分位数（しぶんいすう）を求めなさい。

（　　　　　　　）

(2) 第1四分位数を求めなさい。

（　　　　　　　）

(3) 第3四分位数を求めなさい。

（　　　　　　　）

❷ 次のデータについて，あとの問いに答えなさい。

9，6，4，8，6，4，9，3，7

(1) データを小さい数から順に並べなさい。

（　　　　　　　　　　　　　　　）

(2) 第2四分位数を求めなさい。

（　　　　　　　）

(3) 第1四分位数を求めなさい。

（　　　　　　　）

(4) 第3四分位数を求めなさい。

（　　　　　　　）

ヒント

❶ (1)データの個数が8だから，小さい方から4番目のデータと5番目のデータより求める。
(2)小さい方から2番目のデータと3番目のデータより求める。
(3)小さい方から6番目のデータと7番目のデータより求める。

❷ (2)データの個数が9だから，小さい方から5番目のデータが第2四分位数になる。
(3)小さい方から2番目のデータと3番目のデータより求める。
(4)小さい方から7番目のデータと8番目のデータより求める。

❸ 次のデータについて，あとの問いに答えなさい。

14，20，12，18，16，11，15，10，18，19

(1) データを小さい数から順に並べなさい。

(　　　　　　　　　　　　　　　　　　)

(2) 第2四分位数を求めなさい。

(　　　　　　)

(3) 第1四分位数を求めなさい。

(　　　　　　)

(4) 第3四分位数を求めなさい。

(　　　　　　)

❹ 次のデータについて，あとの問いに答えなさい。

6，9，13，5，6，9，10，5，11，8，15，7

(1) データを小さい数から順に並べなさい。

(　　　　　　　　　　　　　　　　　　)

(2) 第2四分位数を求めなさい。

(　　　　　　)

(3) 第1四分位数を求めなさい。

(　　　　　　)

(4) 第3四分位数を求めなさい。

(　　　　　　)

らくらく
マルつけ

Ha-48

四分位範囲

答えと解き方➡別冊p.23

❶ 次のデータについて，あとの問いに答えなさい。

8，5，2，6，4，5，2，7

(1) データを小さい数から順に並べなさい。

(　　　　　　　　　　　　　　　　　　　　)

(2) 第1四分位数（しぶんいすう）を求めなさい。

(　　　　　　　　)

(3) 第3四分位数を求めなさい。

(　　　　　　　　)

(4) 四分位範囲（はんい）を求めなさい。

(　　　　　　　　)

❷ 次のデータについて，あとの問いに答えなさい。

5，9，7，5，8，4，7，6，9　(点)

(1) データを小さい数から順に並べなさい。

(　　　　　　　　　　　　　　　　　　　　)

(2) 第1四分位数を求めなさい。

(　　　　　　　　)

(3) 第3四分位数を求めなさい。

(　　　　　　　　)

(4) 四分位範囲を求めなさい。

(　　　　　　　　)

ヒント

❶ (2)データの個数が8だから，小さい方から2番目のデータと3番目のデータより求める。
(3)小さい方から6番目のデータと7番目のデータより求める。
(4) **(第3四分位数)－(第1四分位数)**より求める。

❷ データに単位がついているときは，**四分位数や四分位範囲に単位をつける。**
(2)データの個数が9だから，小さい方から2番目のデータと3番目のデータより求める。
(3)小さい方から7番目のデータと8番目のデータより求める。
(4)(第3四分位数)－(第1四分位数)より求める。

3 次のデータについて，あとの問いに答えなさい。

30, 15, 18, 24, 21, 12, 23

(1) データを小さい数から順に並べなさい。

(　　　　　　　　　　　　　　　　　　　　　　)

(2) 第1四分位数を求めなさい。

(　　　　　　　　)

(3) 第3四分位数を求めなさい。

(　　　　　　　　)

(4) 四分位範囲を求めなさい。

(　　　　　　　　)

4 次のデータについて，あとの問いに答えなさい。

2, 9, 16, 2, 5, 7, 12, 1, 7, 13 (点)

(1) データを小さい数から順に並べなさい。

(　　　　　　　　　　　　　　　　　　　　　　)

(2) 第1四分位数を求めなさい。

(　　　　　　　　)

(3) 第3四分位数を求めなさい。

(　　　　　　　　)

(4) 四分位範囲を求めなさい。

(　　　　　　　　)

らくらく
マルつけ

Ha-49

箱ひげ図❶

答えと解き方➡別冊p.24

❶ 最大値が11点，最小値が4点，第1四分位数（しぶんいすう）が5点，第2四分位数が7点，第3四分位数が9.5点であるデータを，箱ひげ図に表しなさい。

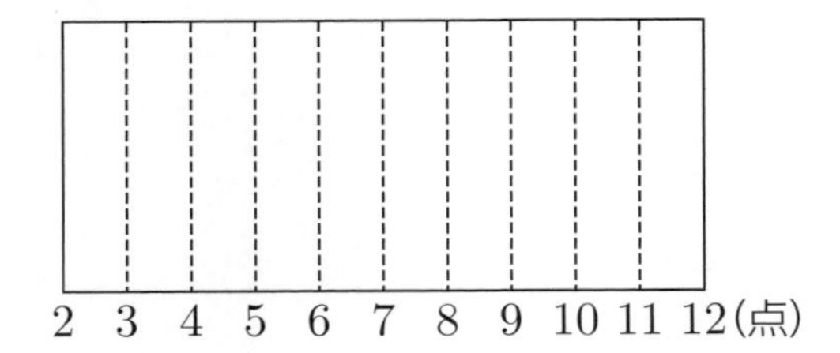

❷ 次のデータについて，あとの問いに答えなさい。

3, 4, 4, 5, 6, 7, 8, 8, 9, 9, 10, 10 （点）

(1) 第2四分位数を求めなさい。

（　　　　　　）

(2) 第1四分位数を求めなさい。

（　　　　　　）

(3) 第3四分位数を求めなさい。

（　　　　　　）

(4) データを箱ひげ図に表しなさい。

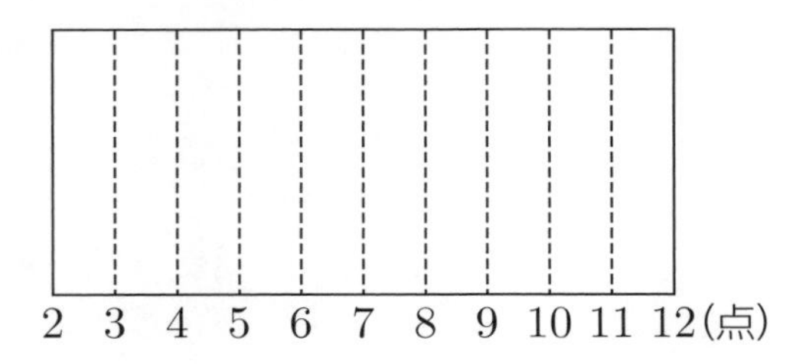

ヒント

❶ 最小値がひげの左端，
第1四分位数が箱の左端，
第2四分位数が箱の中の線，
第3四分位数が箱の右端，
最大値がひげの右端
となるように図をかく。

❷ (1)データの個数が12だから，小さい方から6番目のデータと7番目のデータより求める。
(2)小さい方から3番目のデータと4番目のデータより求める。
(3)小さい方から9番目のデータと10番目のデータより求める。
(4)データの最小値，最大値と，求めた四分位数から箱ひげ図をかく。

❸ 最大値が10点，最小値が3点，第1四分位数が3.5点，第2四分位数が6点，第3四分位数が9点であるデータを，箱ひげ図に表しなさい。

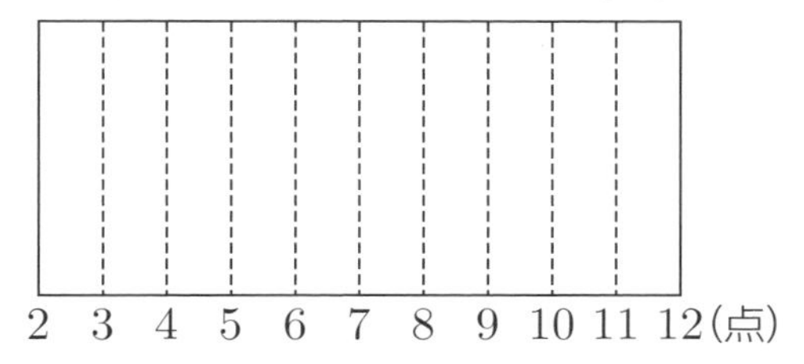

❹ 次のデータについて，あとの問いに答えなさい。

10, 3, 2, 5, 8, 2, 10, 7, 9 (回)

(1) データを小さい数から順に並べなさい。

( )

(2) 第2四分位数を求めなさい。

( )

(3) 第1四分位数を求めなさい。

( )

(4) 第3四分位数を求めなさい。

( )

(5) データを箱ひげ図に表しなさい。

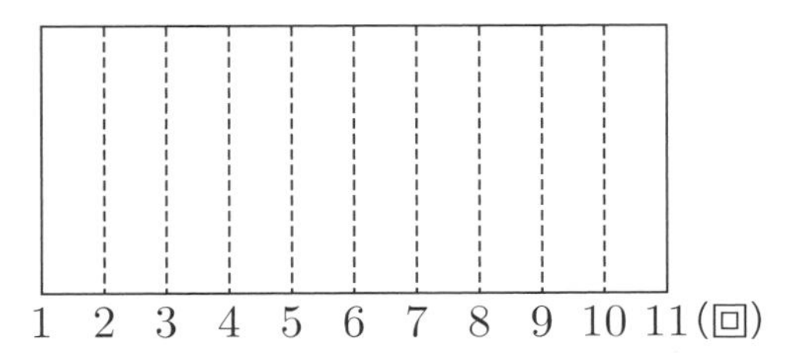

らくらく
マルつけ
Ha-50

箱ひげ図❷

答えと解き方➡別冊p.25

❶ 10人の生徒が受けた小テストの得点を箱ひげ図に表すと，次の図のようになった。この図から読みとれることとして正しいものを，ア～オからすべて選びなさい。

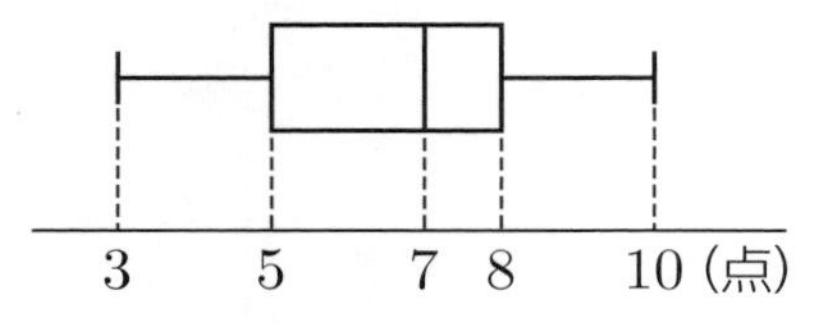

ア　得点が3点であった生徒が1人以上いる。
イ　得点が7点であった生徒が1人以上いる。
ウ　得点が8点であった生徒が1人以上いる。
エ　四分位範囲（しぶんいはんい）は4点である。
オ　得点が7点以上であった生徒が5人以上いる。

（　　　　　　　　　　　　）

❷ 次の箱ひげ図に対応するヒストグラムとしてもっともあてはまるものを，ア～ウから1つ選びなさい。

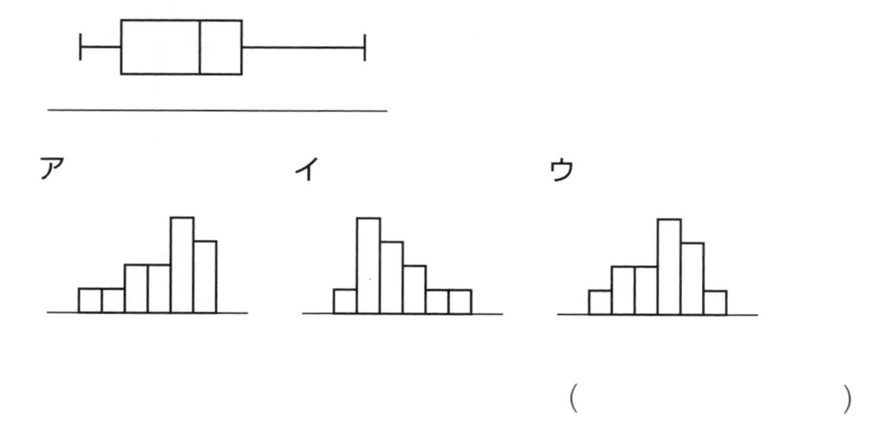

（　　　　　　　　　　　　）

ヒント

❶ データの個数が10であることから，四分位数がどのように決まるかを考える。
イ　第2四分位数が7点であり，これは小さい方から5番目のデータと，6番目のデータより求めた値である。
ウ　第3四分位数が8点であり，これは小さい方から8番目のデータより求めた値である。
オ　第2四分位数が7点なので，小さい方から6番目のデータは，7点以上である。

❷ 箱ひげ図は左側にかたよっているから，これに対応するヒストグラムを答える。

❸ 12人の生徒が受けた小テストの得点を箱ひげ図に表すと，次の図のようになった。この図から読みとれることとして正しいものを，ア～オからすべて選びなさい。

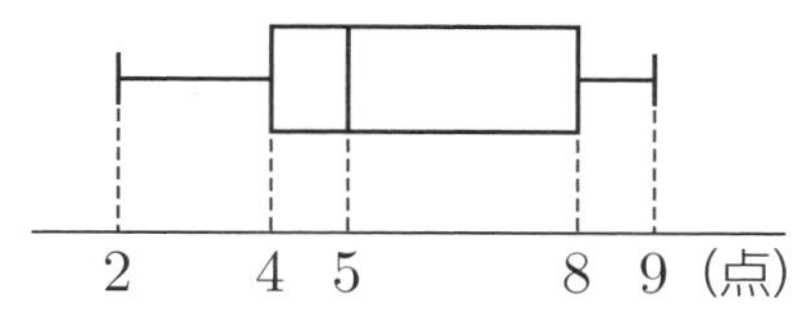

ア　得点が3点であった生徒が1人以上いる。
イ　得点が4点であった生徒が1人以上いる。
ウ　得点が9点であった生徒が1人以上いる。
エ　四分位範囲は4点である。
オ　得点が4点以下であった生徒が6人以上いる。

(　　　　　　　　　　　　)

❹ 次の箱ひげ図に対応するヒストグラムとしてもっともあてはまるものを，ア～ウから1つ選びなさい。

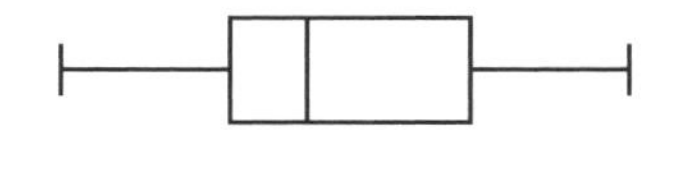

ア　　　　イ　　　　ウ

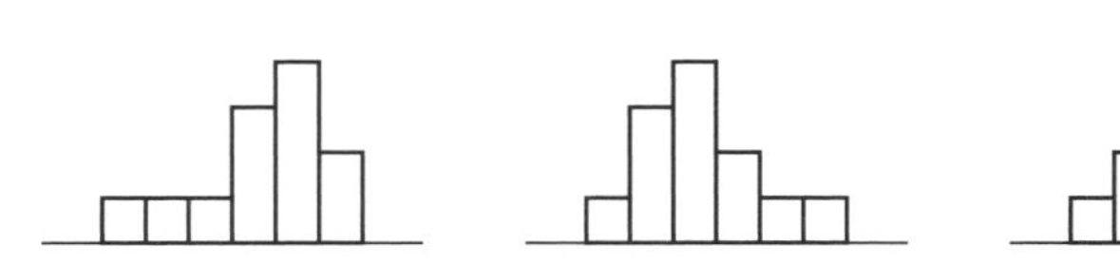

(　　　　　　　　　　　　)

らくらく
マルつけ

Ha-51

まとめのテスト❹

答えと解き方➡別冊p.25

❶ 次の2つのデータA，Bで，四分位範囲(しぶんいはんい)が大きいのはどちらか答えなさい。［15点］

A　3，4，6，7，8，9，10　（点）

B　2，4，5，6，7，7，11　（点）

（　　　　　　　）

❷ 次のデータについて，あとの問いに答えなさい。［10点×5＝50点］

13，6，7，12，8，14，9，14，10，7　（回）

⑴　データを小さい数から順に並べなさい。

（　　　　　　　）

⑵　第2四分位数を求めなさい。

（　　　　　　　）

⑶　第1四分位数を求めなさい。

（　　　　　　　）

⑷　第3四分位数を求めなさい。

（　　　　　　　）

⑸　データを箱ひげ図に表しなさい。

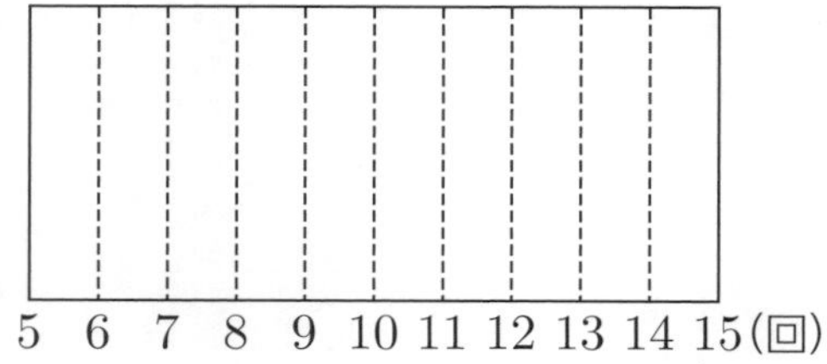

3 20人の生徒があるゲームを行ったときの得点を箱ひげ図に表すと，次の図のようになった。あとの問いに答えなさい。[10点×2=20点]

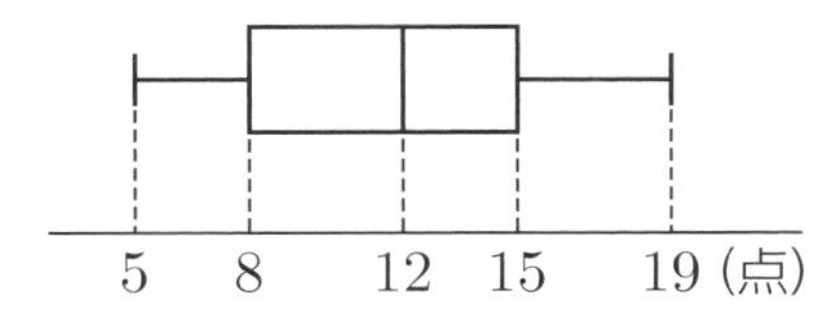

(1) 図から読みとれることとして正しいものを，ア～オから1つ選びなさい。

ア 得点が12点であった生徒が1人以上いる。
イ 得点が8点であった生徒が1人以上いる。
ウ 得点が2番目に高かった生徒の得点は18点である。
エ 得点が19点であった生徒は1人である。
オ 得点が15点以上であった生徒が5人以上いる。

(　　　　　　　　)

(2) この20人に，得点が19点であった生徒1人を加えた21人の得点の第2四分位数はどのようになるか，可能性のあるものをア～ウからすべて選びなさい。

ア 12点より大きくなる。
イ 12点より小さくなる。
ウ 12点である。

(　　　　　　　　)

4 次のヒストグラムに対応する箱ひげ図としてもっともあてはまるものを，ア～ウから1つ選びなさい。[15点]

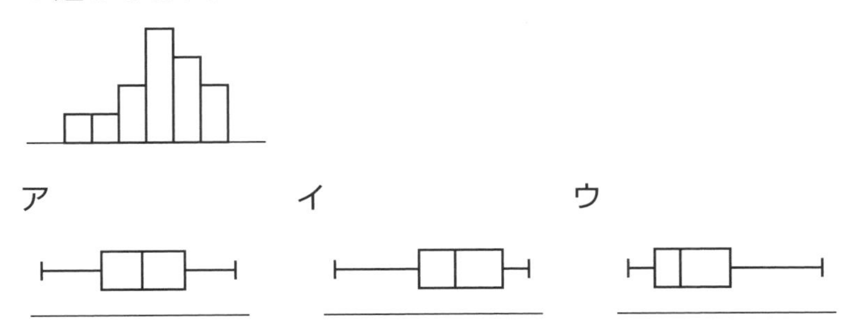

(　　　　　　　　)

らくらく
マルつけ
Ha-52

チャレンジテスト❶

／100点

答えと解き方➡別冊p.26

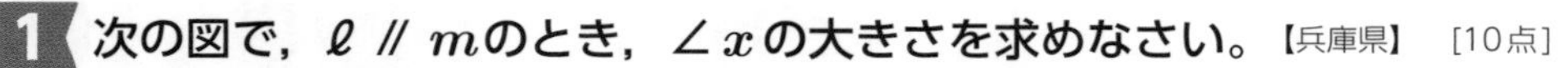

1 次の図で，$\ell \parallel m$のとき，$\angle x$の大きさを求めなさい。【兵庫県】 [10点]

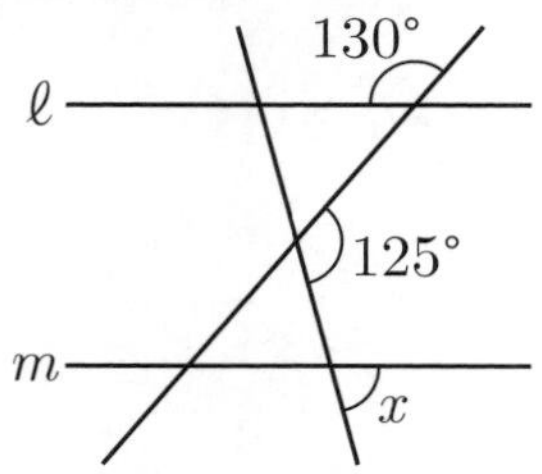

(　　　　　　　　)

2 次の図で，$\angle x$の大きさを求めなさい。【長野県】 [10点]

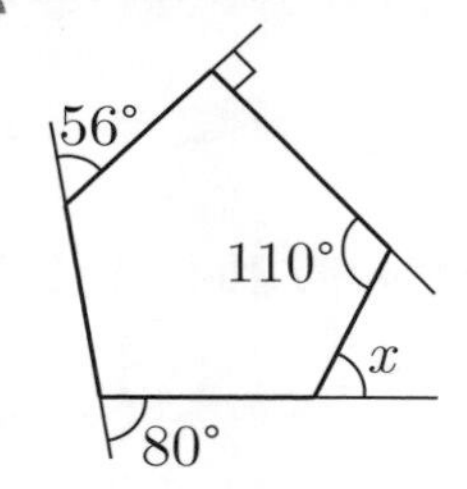

(　　　　　　　　)

3 データの分布を表す値や箱ひげ図について述べた文として適切でないものを，次のア～エの中から１つ選び，その記号を書きなさい。【青森県】 [14点]

ア　第２四分位数(しぶんいすう)と中央値は，かならず等しい。
イ　データの中に極端(きょくたん)にかけ離れた値があるとき，四分位範囲(はんい)はその影響(えいきょう)を受けにくい。
ウ　箱ひげ図を横向きにかいたとき，箱の横の長さは範囲(レンジ)を表している。
エ　箱ひげ図の箱で示された区間には，全体の約50％のデータがふくまれる。

(　　　　　　　　)

4 次の□の中に示したことがらの逆を書きなさい。また，□の中のことがらは正しいが，逆は正しくない。□の中のことがらの逆が正しくないことを示すための反例(はんれい)を，１つ書きなさい。【静岡県】 [8点×2＝16点]

aもbも正の数ならば，$a+b$は正の数である。

逆(　　　　　　　　　　　　　　　　　　　　)

反例(　　　　　　　　　　　　)

5 100円硬貨(こうか)1枚と，50円硬貨2枚を同時に投げるとき，表が出た硬貨の合計金額が100円以上になる確率を求めなさい。ただし，硬貨の表と裏の出方は，同様に確からしいとする。【埼玉県】［15点］

（　　　　　　）

6 2個のさいころを同時に投げるとき，出る目の数の和が6の倍数にならない確率を求めなさい。【岐阜県】［15点］

（　　　　　　）

7 次の図のように，正方形ABCDの辺BC上に点Eをとり，頂点B，Dから線分AEにそれぞれ垂線BF，DGをひく。このとき，△ABF≡△DAGであることを証明しなさい。【栃木県】［20点］

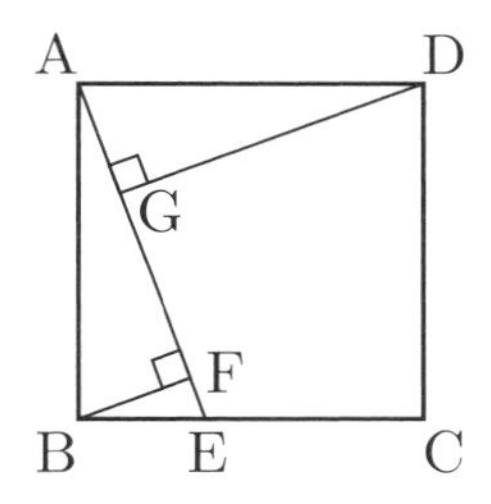

らくらく マルつけ

Ha-53

チャレンジテスト❷

／100点

答えと解き方➡別冊p.26

1 **次の図で，$\ell \parallel m$のとき，$\angle x$の大きさを求めなさい。**【青森県】 ［15点］

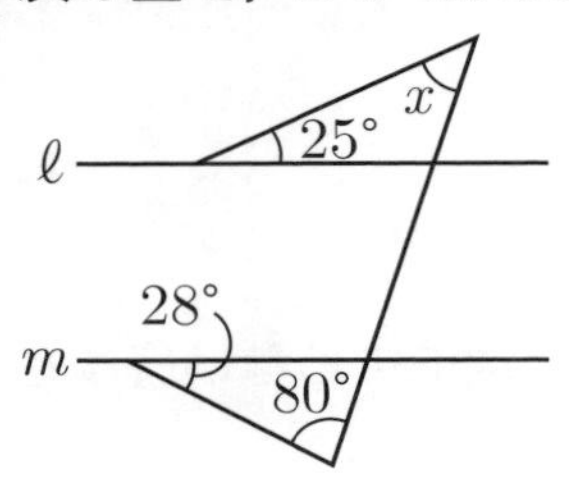

（　　　　　　）

2 **次の四角形のうち，必ず平行四辺形になる四角形はどれか。次のア～エからすべて選び，その記号を書きなさい。**【高知県】 ［15点］

ア　4つの角がすべて直角である四角形
イ　1組の対辺が平行であり，もう1組の対辺の長さが等しい四角形
ウ　対角線が垂直に交わる四角形
エ　対角線がそれぞれの中点で交わる四角形

（　　　　　　）

3 **次の図は，ある部活動の生徒15人が行った「20mシャトルラン」の回数のデータを，箱ひげ図にまとめたものである。あとのア～オのうち，図から読みとれることとして必ず正しいといえるものをすべて選び，記号で答えなさい。**【群馬県】 ［15点］

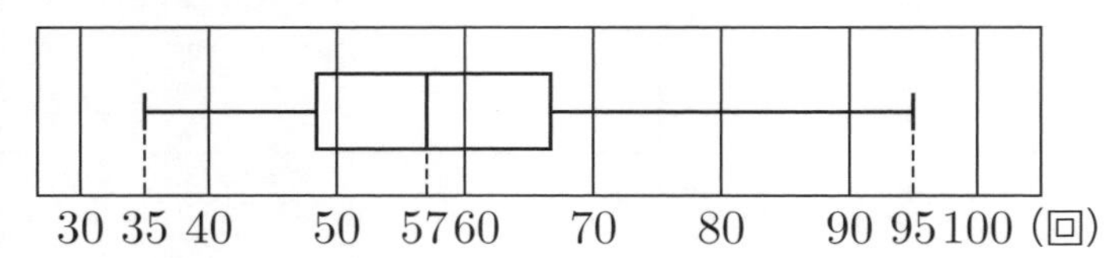

ア　35回だった生徒は1人である。
イ　15人の最高記録は95回である。
ウ　15人の回数の平均は57回である。
エ　60回以下だった生徒は少なくとも9人いる。
オ　60回以上だった生徒は4人以上いる。

（　　　　　　）

4 1が書かれているカードが2枚，2が書かれているカードが1枚，3が書かれているカードが1枚入っている箱から，1枚ずつ続けて3枚のカードを取り出す。1枚目を百の位，2枚目を十の位，3枚目を一の位として，3けたの整数をつくるとき，この整数が213以上となる確率を求めなさい。【愛知県・改】［15点］

（　　　　　　）

5 2つのさいころA，Bを同時に投げるとき，出た目の大きい数から小さい数をひいた差が3となる確率を求めなさい。ただし，それぞれのさいころの1から6までのどの目が出ることも同様に確からしいものとし，出た目の数が同じときの差は0とする。

【富山県】［15点］

（　　　　　　）

6 次の図のように，AD // BCの台形ABCDがあり，∠BCD＝∠BDCである。対角線BD上に，∠DBA＝∠BCEとなる点Eをとるとき，AB＝ECであることを証明しなさい。【新潟県】［25点］

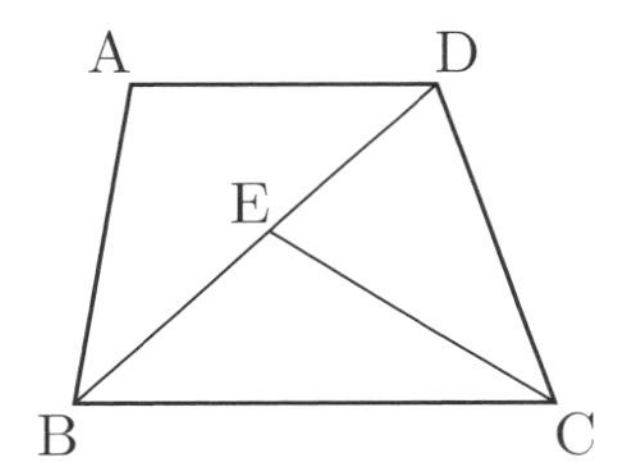

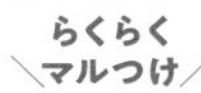

Ha-54

□ 編集協力　㈱オルタナプロ　山中綾子　山腰政喜
□ 本文デザイン　土屋裕子（㈲ウエイド）
□ コンテンツデザイン　㈲Y-Yard
□ 図版作成　㈲デザインスタジオエキス.

シグマベスト
アウトプット専用問題集
中２数学[図形・データの活用]

編　者　文英堂編集部
発行者　益井英郎
印刷所　岩岡印刷株式会社
発行所　株式会社文英堂
〒601-8121　京都市南区上鳥羽大物町28
〒162-0832　東京都新宿区岩戸町17
(代表)03-3269-4231

●落丁・乱丁はおとりかえします。

Σ BEST シグマベスト

アウトプット専用問題集

書いて定着

中2数学 図形・データの活用

答えと解き方

文英堂

1 対頂角・同位角・錯角 本冊 p.4

❶ (1)$\angle c$ (2)$\angle h$ (3)$\angle f$ (4)$\angle d$ (5)$\angle c$
(6)同位角 (7)対頂角

❷ (1)$\angle b$ (2)$\angle g$ (3)$\angle e$ (4)$\angle c$ (5)$\angle d$
(6)$\angle e$ (7)$\angle d$ (8)対頂角 (9)同位角

解き方

❶ (1)(2)(7) $\angle a$と$\angle c$のような向かい合う角を**対頂角**といいます。
(3)(4)(6) $\angle a$と$\angle e$のような位置にある角を**同位角**といいます。
(5) $\angle b$と$\angle h$のような位置にある角を**錯角**(さっかく)といいます。

❷ (1)(2)(8) $\angle a$と$\angle c$のような向かい合う角を対頂角といいます。
(3)(4)(5)(9) $\angle a$と$\angle e$のような位置にある角を同位角といいます。
(6)(7) $\angle c$と$\angle e$のような位置にある角を錯角といいます。

2 平行線と同位角・錯角 本冊 p.6

❶ (1)**70°** (2)**70°** (3)**100°**
❷ (1)**110°** (2)**70°** (3)**80°**
❸ (1)**140°** (2)**40°** (3)**100°** (4)**100°**
❹ (1)**85°** (2)**95°** (3)**75°** (4)**105°**

解き方

❶ (1) $\angle a$の対頂角の大きさが70°なので，70°
(2) $\ell /\!/ m$であり，$\angle b$の同位角の大きさが70°なので，70°
(3) $\ell /\!/ m$であり，$\angle c$の同位角の大きさが
180°－80°＝100°なので，100°

❷ (1) $\angle a$＝180°－70°＝110°
(2) $\ell /\!/ m$であり，$\angle b$の錯角(さっかく)の大きさが70°なので，70°
(3) $\ell /\!/ m$であり，$\angle c$の同位角の大きさが
180°－100°＝80°なので，80°

❸ (1) $\angle a$の対頂角の大きさが140°なので，140°
(2) $\ell /\!/ m$であり，$\angle b$の同位角の大きさが
180°－140°＝40°なので，40°
(3) $\ell /\!/ m$であり，$\angle c$の同位角の大きさが
180°－80°＝100°なので，100°
(4) $\angle d$＝180°－80°＝100°

❹ (1) $\angle a$の対頂角の大きさが85°なので，85°
(2) $\ell /\!/ m$であり，$\angle b$の同位角の大きさが
180°－85°＝95°なので，95°
(3) $\angle c$＝180°－105°＝75°
(4) $\ell /\!/ m$であり，$\angle d$の錯角の大きさが105°なので，105°

3 平行線になるための条件 本冊 p.8

❶ (1)$a /\!/ c$，$b /\!/ d$ (2)**88°** (3)**81°**
❷ (1)$a /\!/ d$，$b /\!/ c$ (2)**97°** (3)**90°**
❸ (1)**92°** (2)$a /\!/ c$，$b /\!/ d$ (3)**108°** (4)**94°**
❹ (1)**87°** (2)$a /\!/ b$，$c /\!/ d$ (3)**94°** (4)**87°**

解き方

❶ (1) 直線aとcは錯角(さっかく)が等しく，直線bとdは同位角が等しいので，それぞれ平行です。
(2) $b /\!/ d$であり，$\angle x$の同位角の大きさが88°なので，88°
(3) $a /\!/ c$であり，$\angle y$の錯角の大きさが81°なので，81°

❷ (1) 直線aとdは錯角が等しく，直線bとcは同位角が等しいので，それぞれ平行です。
(2) $b /\!/ c$であり，$\angle x$の同位角の大きさが
180°－83°＝97°なので，97°
(3) $a /\!/ d$であり，$\angle y$の錯角の大きさが90°なので，90°

❸ (1) $\angle x$＝180°－88°＝92°
(2) 直線aとcは錯角が等しく，直線bとdは同位角が等しいので，それぞれ平行です。
(3) $a /\!/ c$であり，$\angle y$の同位角の大きさが108°なので，108°
(4) $b /\!/ d$であり，$\angle z$の錯角の大きさが94°なので，94°

❹ (1) $\angle x$＝180°－93°＝87°

(2)　直線 a と b は錯角が等しく，直線 c と d は同位角が等しいので，それぞれ平行です。

(3)　$a /\!/ b$ であり，$\angle y$ の錯角の大きさが $94°$ なので，$94°$

(4)　$c /\!/ d$ であり，$\angle z$ の同位角の大きさが $180° - 93° = 87°$ なので，$87°$

4 角の大きさ❶

本冊 p.10

❶　(1)**75°**　(2)**100°**　(3)**30°**　(4)**160°**

❷　(1)**120°**　(2)**100°**　(3)**65°**　(4)**65°**　(5)**30°**

解き方

❶　図の中央の**角の頂点を通り，直線 ℓ に平行な直線をひいて**解(と)きます。

(1)　$\angle x = 50° + 25° = 75°$

(2)　$\angle x = (180° - 140°) + 60° = 100°$

(3)　$\angle x + 45° = 75°$ であるから，
$\angle x = 30°$

(4)　$(180° - \angle x) + 60° = 80°$ であるから，
$\angle x = 160°$

❷　(1)　$\angle x = 50° + 70° = 120°$

(2)　$\angle x = 55° + (180° - 135°) = 100°$

(3)　$\angle x = 20° + 45° = 65°$

(4)　$70° + \angle x = 135°$ であるから，
$\angle x = 65°$

(5)　$(180° - 100°) + \angle x = 110°$ であるから，
$\angle x = 30°$

5 角の大きさ❷

本冊 p.12

❶　(1)**85°**　(2)**29°**　(3)**30°**　(4)**15°**

❷　(1)**77°**　(2)**94°**　(3)**65°**　(4)**51°**　(5)**39°**

解き方

❶　図の中央の２つの角それぞれに，頂点を通り，直線 ℓ に平行な直線をひいて解(と)きます。

(1)　$\angle x = 50° + (75° - 40°) = 85°$

(2)　$\angle x = (49° - 40°) + 20° = 29°$

(3)　$\angle x + (95° - 50°) = 75°$ であるから，
$\angle x = 30°$

(4)　$(85° - 55°) + \angle x = 45°$ であるから，
$\angle x = 15°$

❷　(1)　$\angle x = 38° + (52° - 13°) = 77°$

(2)　$\angle x = (87° - 65°) + 72° = 94°$

(3)　$\angle x = 45° + (50° - 30°) = 65°$

(4)　$\angle x + (75° - 32°) = 94°$ であるから，
$\angle x = 51°$

(5)　$(50° - 41°) + \angle x = 48°$ であるから，
$\angle x = 39°$

6 三角形の内角・外角の性質

本冊 p.14

❶　(1)**55°**　(2)**65°**　(3)**135°**　(4)**51°**

❷　(1)**101°**　(2)**39°**　(3)**142°**　(4)**137°**
(5)**76°**

解き方

❶　(1)　$\angle x = 180° - (85° + 40°) = 55°$

(2)　$\angle x = 180° - (90° + 25°) = 65°$

(3)　$\angle x = 73° + 62° = 135°$

(4)　$\angle x + 64° = 115°$ であるから，
$\angle x = 51°$

❷　(1)　$\angle x = 180° - (30° + 49°) = 101°$

(2)　$\angle x = 180° - (90° + 51°) = 39°$

(3)　$\angle x = 47° + 95° = 142°$

(4)　$\angle x = 52° + 85° = 137°$

(5)　$\angle x + 74° = 150°$ であるから，
$\angle x = 76°$

7 三角形の種類

本冊 p.16

❶　(1)鋭角(えいかく)　(2)鈍角(どんかく)　(3)鋭角

❷　(1)鋭角三角形　(2)鈍角三角形
(3)直角三角形　(4)鈍角三角形
(5)鋭角三角形

❸　(1)鈍角　(2)鈍角　(3)鋭角

❹　(1)直角三角形　(2)鋭角三角形
(3)鋭角三角形　(4)鈍角三角形
(5)鋭角三角形　(6)鈍角三角形

解き方

❶ 0°より大きく90°より小さい角を**鋭角**，90°より大きく180°より小さい角を**鈍角**といいます。

❷ (1) すべての角が鋭角なので，**鋭角三角形**です。

(2) 1つの角が鈍角なので，**鈍角三角形**です。

(3) 残りの角の大きさは，

$180°-(35°+55°)=90°$

1つの角が直角なので，**直角三角形**です。

(4) 残りの角の大きさは，

$180°-(25°+50°)=105°$

1つの角が鈍角なので，鈍角三角形です。

(5) 残りの角の大きさは，

$180°-(35°+75°)=70°$

すべての角が鋭角なので，鋭角三角形です。

❸ 0°より大きく90°より小さい角を鋭角，90°より大きく180°より小さい角を鈍角といいます。

❹ (1) 1つの角が直角なので，直角三角形です。

(2) すべての角が鋭角なので，鋭角三角形です。

(3) 残りの角の大きさは，

$180°-(25°+70°)=85°$

すべての角が鋭角なので，鋭角三角形です。

(4) 残りの角の大きさは，

$180°-(14°+68°)=98°$

1つの角が鈍角なので，鈍角三角形です。

(5) 残りの角の大きさは，

$180°-(46°+53°)=81°$

すべての角が鋭角なので，鋭角三角形です。

(6) 残りの角の大きさは，

$180°-(27°+61°)=92°$

1つの角が鈍角なので，鈍角三角形です。

8 多角形の内角の和 本冊 p.18

❶ (1)**540°** (2)**108°** (3)**1080°** (4)**135°**

❷ (1)**正十角形** (2)**正十二角形**

❸ (1)**720°** (2)**120°** (3)**3240°** (4)**162°**

❹ (1)**正九角形** (2)**正十五角形** (3)**正十八角形**

解き方

❶ (1) $180°\times(5-2)=540°$

(2) $\dfrac{540°}{5}=108°$

(3) $180°\times(8-2)=1080°$

(4) $\dfrac{1080°}{8}=135°$

❷ (1) n角形であるとすると，内角の和は，$144n$

$180(n-2)=144n$を解いて，

$n=10$

よって，正十角形

(2) n角形であるとすると，内角の和は，$150n$

$180(n-2)=150n$を解いて，

$n=12$

よって，正十二角形

❸ (1) $180°\times(6-2)=720°$

(2) $\dfrac{720°}{6}=120°$

(3) $180°\times(20-2)=3240°$

(4) $\dfrac{3240°}{20}=162°$

❹ (1) n角形であるとすると，内角の和は，$140n$

$180(n-2)=140n$を解いて，

$n=9$

よって，正九角形

(2) n角形であるとすると，内角の和は，$156n$

$180(n-2)=156n$を解いて，

$n=15$

よって，正十五角形

(3) n角形であるとすると，内角の和は，$160n$

$180(n-2)=160n$を解いて，

$n=18$

よって，正十八角形

9 多角形の外角の和 本冊 p.20

❶ (1)**360°** (2)**120°** (3)**72°**

❷ (1)**正八角形** (2)**正十角形** (3)**正十二角形**

❸ (1)**360°** (2)**60°** (3)**40°** (4)**24°**

❹ (1)**正十八角形** (2)**正二十角形**
(3)**正三十角形**

解き方

❶ (1) **多角形の外角の和は360°です。**

(2) $\frac{360°}{3}=120°$

(3) $\frac{360°}{5}=72°$

❷ (1) n角形であるとすると，外角の和は，$45n$

$45n=360$を解いて，

$n=8$

よって，正八角形

(2) n角形であるとすると，外角の和は，$36n$

$36n=360$を解いて，

$n=10$

よって，正十角形

(3) n角形であるとすると，外角の和は，$30n$

$30n=360$を解いて，

$n=12$

よって，正十二角形

❸ (1) 多角形の外角の和は360°です。

(2) $\frac{360°}{6}=60°$

(3) $\frac{360°}{9}=40°$

(4) $\frac{360°}{15}=24°$

❹ (1) n角形であるとすると，外角の和は，$20n$

$20n=360$を解いて，

$n=18$

よって，正十八角形

(2) n角形であるとすると，外角の和は，$18n$

$18n=360$を解いて，

$n=20$

よって，正二十角形

(3) n角形であるとすると，外角の和は，$12n$

$12n=360$を解いて，

$n=30$

よって，正三十角形

10 多角形の角の計算 本冊 p.22

❶ (1)**81°** (2)**134°** (3)**117°** (4)**130°**

❷ (1)**64°** (2)**135°** (3)**53°** (4)**94°** (5)**59°**

解き方

❶ (1) 四角形の内角の和は，$180°\times(4-2)=360°$

$\angle x=360°-(112°+114°+53°)=81°$

(2) 六角形の内角の和は，$180°\times(6-2)=720°$

$\angle x=720°-(105°+120°+133°+140°+88°)$

$=134°$

(3) $\angle x=360°-(98°+93°+52°)=117°$

(4) $\angle x$の角の外角の大きさは，

$360°-(80°+76°+76°+78°)=50°$

$\angle x=180°-50°=130°$

❷ (1) 四角形の内角の和は，$180°\times(4-2)=360°$

$\angle x=360°-(51°+150°+95°)=64°$

(2) 五角形の内角の和は，$180°\times(5-2)=540°$

$\angle x=540°-(137°+105°+98°+65°)=135°$

(3) $\angle x=360°-(85°+36°+51°+48°+87°)$

$=53°$

(4) $\angle x$の角の外角の大きさは，

$360°-(91°+91°+92°)=86°$

$\angle x=180°-86°=94°$

(5) $180°-122°=58°$

$180°-110°=70°$

$\angle x=360°-(58°+87°+70°+86°)=59°$

11 長方形を折り返してできる角 本冊 p.24

❶ (1)**65°** (2)**40°** (3)**50°**

❷ (1)**29°** (2)**32°**

❸ (1)**32°** (2)**74°** (3)**58°**

❹ (1)**16°** (2)**16°** (3)**74°**

解き方

❶ (1) $\angle x=180°-(25°+90°)=65°$

(2) $\angle y=90°-25°\times2=40°$

(3) $\angle z=\angle BEA=180°-(40°+90°)=50°$

❷ (1) $\angle x=\angle CFD=29°$

(2) $\angle x+\angle y=\angle FDC$

$=180°-(29°+90°)=61°$

$\angle y=61°-29°=32°$

❸ (1) $\angle x=180°-74°\times2=32°$

(2) $\angle y=\angle CFE=74°$

(3)　$\angle AED' + \angle y = \angle FED$

$= 360° - (90° + 90° + 74°) = 106°$

$\angle AED' = 106° - 74° = 32°$

$\angle z = 180° - (32° + 90°) = 58°$

❹ (1)　$\angle CFE = 360° - (90° + 90° + 98°) = 82°$

$\angle x = 180° - 82° \times 2 = 16°$

(2)　$\angle y = 98° - 82° = 16°$

(3)　$\angle z = \angle D'GE = 180° - (16° + 90°) = 74°$

12 複雑な図形の角の計算　本冊 p.26

❶ (1)**60°**　(2)**95°**

❷ (1)**$\angle a + \angle d$**　(2)**$\angle b + \angle e$**　(3)**180°**

❸ (1)**123°**　(2)**26°**

❹ (1)**99°**　(2)**113°**　(3)**38°**

解き方

❶ (1)　$\angle x = 32° + 28° = 60°$

(2)　$\angle y = 60° + 35° = 95°$

❷ (1)　$\angle a$と$\angle d$をふくむ三角形に着目して，

$\angle x = \angle a + \angle d$

(2)　$\angle b$と$\angle e$をふくむ三角形に着目して，

$\angle y = \angle b + \angle e$

(3)　$\angle x + \angle y + \angle c = 180°$であるから，

(1)，(2)より，$\angle a + \angle b + \angle c + \angle d + \angle e = 180°$

❸ (1)　$\angle x = 40° + 46° + 37° = 123°$

(2)　$\angle x = 120° - (46° + 48°) = 26°$

❹ (1)　$\angle x = 30° + 40° + 29° = 99°$

(2)　$\angle y = 43° + 30° + 40° = 113°$

(3)　$\angle z = 180° - (113° + 29°) = 38°$

13 合同な図形　本冊 p.28

❶ (1)**辺A′D′**　(2)**辺CD**　(3)**∠A′B′C′**

(4)**∠BCD**

❷ (1)**△HIG**　(2)**△QRP**

❸ (1)**頂点F**　(2)**辺EF**　(3)**辺AB**

(4)**∠EFD**　(5)**∠CAB**

❹ (1)**△QRP**　(2)**△JKL**

解き方

❶　頂点の並びが**もとの辺や角に対応するように**答えます。

❷ (1)　△ABCと重なる三角形は，△HIG

(2)　△DEFと重なる三角形は，△QRP

❸　頂点の並びがもとの辺や角に対応するように答えます。

❹ (1)　△ABCと重なる三角形は，△QRP

(2)　△DEFと重なる三角形は，△JKL

14 三角形の合同条件　本冊 p.30

❶ (1)**△RPQ**

(2)**2組の辺とその間の角がそれぞれ等しい**

(3)**△NOM**　(4)**3組の辺がそれぞれ等しい**

(5)**△LJK**

(6)**1組の辺とその両端（りょうたん）の角がそれぞれ等しい**

❷ (1)**△NOM**　(2)**3組の辺がそれぞれ等しい**

(3)**△LJK**

(4)**1組の辺とその両端の角がそれぞれ等しい**

(5)**△RPQ**

(6)**2組の辺とその間の角がそれぞれ等しい**

解き方

❶ (1)(2)　△ABCと△RPQは，2組の辺とその間の角がそれぞれ等しいので合同です。

(3)(4)　△DEFと△NOMは，3組の辺がそれぞれ等しいので合同です。

(5)(6)　△GHIと△LJKは，1組の辺とその両端の角がそれぞれ等しいので合同です。

❷ (1)(2)　△ABCと△NOMは，3組の辺がそれぞれ等しいので合同です。

(3)(4)　△DEFと△LJKは，1組の辺とその両端の角がそれぞれ等しいので合同です。

(5)(6)　△GHIと△RPQは，2組の辺とその間の角がそれぞれ等しいので合同です。

15 仮定と結論 本冊 p.32

❶ (1)仮定…nが整数，結論…$n+1$は整数
(2)仮定…四角形ABCD≡四角形EFGH
結論…AB＝EF
(3)仮定…正三角形
結論…1つの内角の大きさは60°

❷ ア BC＝DC イ AC＝AC
ウ 3組の辺

❸ (1)仮定…nが奇数，結論…$2n$は偶数
(2)仮定…△ABC≡△DEF
結論…∠BCA＝∠EFD
(3)仮定…四角形，結論…内角の和は360°
(4)仮定…正五角形
結論…1つの外角の大きさは72°

❹ ア AC＝EC イ ∠BCA＝∠DCE
ウ 2組の辺とその間の角

解き方

❶ (1)(2) 「ならば」の**前にある部分を仮定**，「ならば」の**後ろにある部分を結論**といいます。
(3) 「正三角形ならば1つの内角の大きさは60°である。」といいかえることができます。

❷ 仮定より，AB＝AD，BC＝DC
また，共通な辺だから，AC＝AC
以上より，3組の辺がそれぞれ等しいことを示すことができます。

❸ (1)(2) 「ならば」の前にある部分を仮定，「ならば」の後ろにある部分を結論といいます。
(3) 「四角形ならば内角の和は360°である。」といいかえることができます。
(4) 「正五角形ならば1つの外角の大きさは72°である。」といいかえることができます。

❹ 仮定より，AC＝EC，BC＝DC
また，対頂角だから，∠BCA＝∠DCE
以上より，2組の辺とその間の角がそれぞれ等しいことを示すことができます。

16 三角形の合同条件の利用❶ 本冊 p.34

❶ ア DC イ ∠DCA ウ AC
エ 2組の辺とその間の角

❷ ア DC イ ∠CDB ウ ∠BCD
エ 1組の辺とその両端の角

❸ △ABCと△DCBにおいて，
仮定より，AB＝DC …①
仮定より，AC＝DB …②
共通な辺だから，BC＝CB …③
①，②，③より，3組の辺がそれぞれ等しいから
△ABC≡△DCB

❹ △ABCと△AEDにおいて，
仮定より，AB＝AE …①
仮定より，AC＝AD …②
共通な角だから，∠CAB＝∠DAE …③
①，②，③より，
2組の辺とその間の角がそれぞれ等しいから
△ABC≡△AED

解き方

❶ 仮定と，共通な辺より，2組の辺とその間の角がそれぞれ等しいことを示すことができます。

❷ AE//CDと平行線の錯角が等しいことから，2組の角が等しいことを示します。

❸ 仮定と，共通な辺より，3組の辺がそれぞれ等しいことを示すことができます。

❹ 仮定と，共通な角より，2組の辺とその間の角がそれぞれ等しいことを示すことができます。

17 三角形の合同条件の利用❷ 本冊 p.36

❶ ア ∠CBD イ ∠BDC ウ BD
エ 1組の辺とその両端の角

❷ ア DB イ ∠EDB ウ ∠DBE
エ 1組の辺とその両端の角

❸ △ABCと△DCBにおいて，
仮定より，AB＝DC …①
仮定より，∠ABC＝∠DCB …②

共通な辺だから，BC＝CB　…③
①，②，③より，
2組の辺とその間の角がそれぞれ等しいから
△ABC≡△DCB
合同な図形の対応する辺は等しいから，
AC＝DB

❹ △ABCと△DECにおいて，
仮定より，BC＝EC　…①
AB∥EDより，平行線の錯角(さっかく)は等しいから
∠ABC＝∠DEC　…②
対頂角だから，∠BCA＝∠ECD　…③
①，②，③より，
1組の辺とその両端の角がそれぞれ等しいから
△ABC≡△DEC
合同な図形の対応する辺は等しいから，
AC＝DC

解き方

❶ △ABD≡△CBDであることを示し，**合同な図形の対応する辺は等しい**ことからAD＝CDを示します。

❷ △ABC≡△DBEであることを示し，**合同な図形の対応する角は等しい**ことから∠BCA＝∠BEDを示します。

❸ △ABC≡△DCBであることを示し，合同な図形の対応する辺は等しいことからAC＝DBを示します。

❹ △ABC≡△DECであることを示し，合同な図形の対応する辺は等しいことからAC＝DCを示します。

18 まとめのテスト❶

本冊 p.38

❶ (1)73°　(2)33°
❷ (1)直角三角形　(2)鈍角(どんかく)三角形
❸ (1)150°　(2)正九角形
❹ (1)120°　(2)124°
❺ △ABCと△AEDにおいて，
△ACDは正三角形だから，
AC＝AD　…①
仮定より，∠CAB＝∠DAE　…②
仮定より，∠BCA＝∠EDA　…③
①，②，③より，
1組の辺とその両端(りょうたん)の角がそれぞれ等しいから
△ABC≡△AED
合同な図形の対応する辺は等しいから，
AB＝AE

解き方

❶ (1) $\ell /\!/ m$であり，$\angle x$の同位角の大きさが
135°－62°＝73°なので，73°
(2) 図の中央の2つの角それぞれに，頂点を通り，直線ℓに平行な直線をひいて解きます。
(51°－12°)＋$\angle x$＝72°であるから，
$\angle x$＝33°

❷ (1) 残りの角の大きさは，
180°－(26°＋64°)＝90°
1つの角が直角なので，直角三角形です。
(2) 残りの角の大きさは，
180°－(34°＋47°)＝99°
1つの角が鈍角なので，鈍角三角形です。

❸ (1) 180°×(12－2)＝1800°
$\frac{1800°}{12}$＝150°
(2) n角形であるとすると，外角の和は，$40n$
$40n$＝360を解いて，
n＝9
よって，正九角形

❹ (1) 五角形の内角の和は，180°×(5－2)＝540°
$\angle x$＝540°－(122°＋94°＋108°＋96°)＝120°
(2) $\angle x$の角の外角の大きさは，
360°－(88°＋36°＋46°＋47°＋87°)＝56°
$\angle x$＝180°－56°＝124°

❺ △ACDは正三角形だから，AC＝ADです。これを利用して△ABC≡△AEDであることを示し，合同な図形の対応する辺は等しいことからAB＝AEを示します。

19 二等辺三角形の性質❶ 本冊 p.40

❶ (1)**3cm** (2)**46°**
❷ (1)**65°** (2)**40°** (3)**66°**
❸ (1)**5cm** (2)**47°** (3)**50°**
❹ (1)**82°** (2)**51°** (3)**65°**
(4)**48°** (5)**30°** (6)**71°**

解き方

❶ (1) AB=ACなので，3cm
(2) ∠ABC=∠BCAなので，46°
❷ (1) $2\angle x+50°=180°$
$\angle x=65°$
(2) $180°-110°=70°$
$\angle x=180°-70°\times2=40°$
(3) $2\angle x+48°=180°$
$\angle x=66°$
❸ (1) AB=BCなので，5cm
(2) ∠BCA=∠CABなので，47°
(3) $2\angle CAB+80°=180°$
$\angle CAB=50°$
❹ (1) $\angle x=180°-49°\times2=82°$
(2) $2\angle x+78°=180°$
$\angle x=51°$
(3) $2\angle x=130°$
$\angle x=65°$
(4) $180°-114°=66°$
$\angle x=180°-66°\times2=48°$
(5) $180°-40°\times2=100°$
$(180°-40°)\div2=70°$
$\angle x=100°-70°=30°$
(6) $2\angle x+38°=180°$
$\angle x=71°$

20 二等辺三角形の性質❷ 本冊 p.42

❶ ア **∠EAC**，イ **AC**，ウ **∠ACE**，
エ **1組の辺とその両端（りょうたん）の角**
❷ ア **∠DAC**，イ **∠DCA**，
ウ **∠BCA**，エ **∠DCA**
❸ **△DBCと△ECBにおいて，**
仮定より，DB=EC …①
共通な辺だから，BC=CB …②
△ABCはAB=ACの二等辺三角形だから，
∠DBC=∠ECB …③
①，②，③より，
2組の辺とその間の角がそれぞれ等しいから，
△DBC≡△ECB
合同な図形の対応する角は等しいから，
∠BCD=∠CBE
❹ **△DBEと△FCEにおいて，**
仮定より，DB=FC …①
EはBCの中点だから，BE=CE …②
△ABCはAB=ACの二等辺三角形だから，
∠DBE=∠FCE …③
①，②，③より，
2組の辺とその間の角がそれぞれ等しいから，
△DBE≡△FCE
合同な図形の対応する辺は等しいから，
DE=FE

解き方

❶ △ABCはAB=ACの二等辺三角形なので，∠ABD=∠ACEです。
❷ △BACと△DACはそれぞれBA=BC，DA=DCの二等辺三角形なので，
∠BAC=∠BCA，∠DAC=∠DCAです。
❸ △ABCはAB=ACの二等辺三角形なので，∠DBC=∠ECBです。
❹ △ABCはAB=ACの二等辺三角形なので，∠DBE=∠FCEです。

21 二等辺三角形になるための条件 本冊 p.44

❶ ア **EB**，イ **CB**，ウ **3組の辺**，
エ **∠ECB**，オ **角**
❷ ア **CB**，イ **∠ECB**，
ウ **2組の辺とその間の角**，エ **∠CBE**，
オ **角**

❸　△DBEと△FCEにおいて，
仮定より，DE＝FE　…①
仮定より，∠BED＝∠CEF　…②
EはBCの中点だから，BE＝CE　…③
①，②，③より，
2組の辺とその間の角がそれぞれ等しいから，
△DBE≡△FCE
合同な図形の対応する角は等しいから，
∠DBE＝∠FCE
2つの角が等しいから，△ABCは二等辺三角形である。

❹　△DBFと△ECFにおいて，
仮定より，DF＝EF　…①
仮定より，∠FDB＝∠FEC　…②
対頂角は等しいから，
∠BFD＝∠CFE　…③
①，②，③より，
1組の辺とその両端（りょうたん）の角がそれぞれ等しいから，
△DBF≡△ECF
合同な図形の対応する辺は等しいから，
FB＝FC
2つの辺が等しいから，△FBCは二等辺三角形である。

解き方

❶　△DBC≡△ECBを先に示すことで，∠DBC＝∠ECBがいえるので，△ABCが二等辺三角形であると証明できます。

❷　△DBC≡△ECBを先に示すことで，∠BCD＝∠CBEがいえるので，△FBCが二等辺三角形であると証明できます。

❸　△DBE≡△FCEを先に示すことで，∠DBE＝∠FCEがいえるので，△ABCが二等辺三角形であると証明できます。

❹　△DBF≡△ECFを先に示すことで，FB＝FCがいえるので，△FBCが二等辺三角形であると証明できます。

22 正三角形の性質

本冊 p.46

❶　ア　BC，イ　AC，ウ　AC，エ　辺
❷　ア　CE，イ　CB，ウ　∠BCE，
エ　2組の辺とその間の角
❸　△ABEと△ACDにおいて，
共通な角だから，
∠EAB＝∠DAC　…①
△ABCは正三角形だから，
AB＝AC　…②
また，∠ABC＝∠ACBだから，
仮定より，∠ABE＝∠ACD　…③
①，②，③より，
1組の辺とその両端（りょうたん）の角がそれぞれ等しいから，
△ABE≡△ACD
❹　△ADBと△AECにおいて，
仮定より，DB＝EC　…①
△ABCは正三角形だから，
AB＝AC　…②
また，∠ABC＝∠ACBであり，
∠DBA＝180°－∠ABC，
∠ECA＝180°－∠ACBだから，
∠DBA＝∠ECA　…③
①，②，③より，
2組の辺とその間の角がそれぞれ等しいから，
△ADB≡△AEC

解き方

❶　△ABCを∠A＝∠Bの二等辺三角形とみると，AC＝BCであり，∠B＝∠Cの二等辺三角形とみると，AB＝ACです。よって，AB＝BC＝ACが成り立ちます。

❷　△ABCは正三角形なので，AC＝CB，∠CAD＝∠BCEです。

❸　△ABCは正三角形なので，∠ABC＝∠ACBであり，これと仮定より，∠ABE＝∠ACDが成り立ちます。

❹　△ABCは正三角形なので，∠ABC＝∠ACB

であり，図より，∠DBA＝∠ECAが成り立ちます。

㉓ 定理の逆，反例

本冊 p.48

❶ (1) $x>1$ならば，$x>3$である。，×
(2)すべての辺が等しい三角形は，正三角形である。，○
(3) $x=1$ならば，$x+2=3$である。，○
(4)高さが等しい2つの三角形は，合同である。，×

❷ ウ

❸ (1) $x \geqq 4$ならば，$x>4$である。，×
(2) 2つの辺が等しい三角形は，二等辺三角形である。，○
(3) $x+y=2$ならば，$x=1$，$y=1$である。，×
(4)面積が等しい2つの長方形は，合同である。，×
(5) $a>c$ならば，$a>b$，$b>c$である。，×

❹ エ

解き方

❶ (1)　$x=2$，3のときに成り立たないので，正しくありません。
(2)　逆も成り立ちます。
(3)　逆も成り立ちます。
(4)　高さだけが等しくても，合同でないときがあるので，正しくありません。

❷ $n+1$が自然数で，nが自然数でないのは，$n=0$のときです。

❸ (1)　$x=4$のときに成り立たないので，正しくありません。
(2)　逆も成り立ちます。
(3)　$x=2$，$y=0$などの組み合わせがあるので，正しくありません。
(4)　(縦の長さ)×(横の長さ)が等しければ面積は等しいので，正しくありません。
(5)　$b>a$や$c>b$のときがあるので，正しくありません。

❹ $2n$が自然数で，nが自然数でないのは，$n=\frac{1}{2}$のときです。

㉔ 直角三角形の合同条件

本冊 p.50

❶ (1)△MON
(2)斜辺と1つの鋭角(えいかく)がそれぞれ等しい
(3)△PRQ
(4)斜辺と他の1辺がそれぞれ等しい
(5)△LJK
(6)斜辺と1つの鋭角がそれぞれ等しい

❷ (1)△QPR
(2)斜辺と他の1辺がそれぞれ等しい
(3)△KLJ
(4)斜辺と1つの鋭角がそれぞれ等しい
(5)△NOM
(6)斜辺と1つの鋭角がそれぞれ等しい

解き方

❶ (1)(2)　△ABCと△MONは，斜辺と1つの鋭角がそれぞれ等しいので合同です。
(3)(4)　△DEFと△PRQは，斜辺と他の1辺がそれぞれ等しいので合同です。
(5)(6)　△GHIと△LJKは，斜辺と1つの鋭角がそれぞれ等しいので合同です。

❷ (1)(2)　△ABCと△QPRは，斜辺と他の1辺がそれぞれ等しいので合同です。
(3)(4)　△DEFと△KLJは，斜辺と1つの鋭角がそれぞれ等しいので合同です。
(5)(6)　△GHIと△NOMは，斜辺と1つの鋭角がそれぞれ等しいので合同です。

㉕ 直角三角形の合同条件の利用

本冊 p.52

❶ ア　CF，イ　∠FEC，ウ　∠ECF，
エ　斜辺と1つの鋭角(えいかく)

❷ ア　∠DCB，イ　∠CBD，ウ　BD，
エ　斜辺と1つの鋭角

❸ △ADFと△AEFにおいて，

仮定より，DF＝EF　…①
仮定より，∠ADF＝∠AEF＝90°　…②
共通な辺だから，AF＝AF　…③
①，②，③より，直角三角形の斜辺と他の1辺がそれぞれ等しいから，
△ADF≡△AEF
合同な図形の対応する角は等しいから，
∠FAD＝∠FAE

❹ △ABEと△BCDにおいて，
仮定より，∠BEA＝∠CDB＝90°　…①
△ABCは正三角形だから，
AB＝BC　…②
同様に，∠EAB＝∠DBC　…③
①，②，③より，直角三角形の斜辺と1つの鋭角がそれぞれ等しいから，
△ABE≡△BCD
合同な図形の対応する辺は等しいから，
BE＝CD

解き方

❶ △ABCはAB＝ACの二等辺三角形なので，∠DBF＝∠ECFです。
❷ 直線BDは∠ABCの二等分線なので，∠ABD＝∠CBDです。
❸ △ADFと△AEFの共通な辺AFが，それぞれの直角三角形の斜辺です。
❹ △ABCは正三角形なので，AB＝BC，∠EAB＝∠DBCです。

26 平行四辺形の性質❶

本冊 p.54

❶ (1)5cm，平行四辺形では，2組の対辺はそれぞれ等しい
(2)75°，平行四辺形では，2組の対角はそれぞれ等しい
❷ (1)4cm，平行四辺形では，対角線はそれぞれの中点で交わる
(2)8cm，平行四辺形では，2組の対辺はそれぞれ等しい
❸ (1)6cm，平行四辺形では，対角線はそれぞれの中点で交わる
(2)100°，平行四辺形では，2組の対角はそれぞれ等しい
❹ (1)6cm，平行四辺形では，対角線はそれぞれの中点で交わる
(2)7cm，平行四辺形では，2組の対辺はそれぞれ等しい
(3)5cm，平行四辺形では，対角線はそれぞれの中点で交わる

解き方

❶ (1)　AB＝DC＝5cm
(2)　∠D＝∠B＝75°
❷ (1)　BO＝DO＝4cm
(2)　BC＝AD＝8cm
❸ (1)　AO＝CO＝6cm
(2)　∠C＝∠A＝100°
❹ (1)　AO＝CO＝6cm
(2)　DC＝AB＝7cm
(3)　BD＝10cmだから，
BO＝DO＝5cm

27 平行四辺形の性質❷

本冊 p.56

❶ ア　CD，イ　CF，ウ　∠FCD，
エ　2組の辺とその間の角
❷ ア　CO，イ　∠COF，ウ　∠FCO，
エ　1組の辺とその両端（りょうたん）の角
❸ △ABEと△CDFにおいて，
仮定より，∠BEA＝∠DFC＝90°　…①
平行四辺形の対辺は等しいから，
AB＝CD　…②
平行四辺形の対角は等しいから，
∠ABE＝∠CDF　…③
①，②，③より，直角三角形の斜辺と1つの鋭角（えいかく）がそれぞれ等しいから，
△ABE≡△CDF
❹ △BCFと△EDFにおいて，
仮定より，CF＝DF　…①

対頂角だから，∠CFB＝∠DFE　…②
平行線の錯角(さっかく)は等しいから，
∠BCF＝∠EDF　…③
①，②，③より，1組の辺とその両端の角がそれぞれ等しいから，
△BCF≡△EDF

解き方

❶ 平行四辺形の性質と仮定より，AE＝ED＝BF＝FCが成り立ちます。
❷ 平行四辺形の2組の対辺は平行なので，**平行線の錯角が等しい**ことを利用できます。
❸ 平行四辺形の性質により，直角三角形の合同条件が成り立ちます。
❹ AE//BCなので，平行線の錯角が等しいことを利用できます。

28 平行四辺形になるための条件❶ 本冊 p.58

❶ (1)イ　(2)×　(3)ウ　(4)×　(5)オ　(6)×
❷ (1)ア　(2)オ　(3)×　(4)×　(5)×　(6)エ
(7)×

解き方

❶ (1) イの条件をみたしています。
(2) 台形になる場合があります。
(3) ウの条件をみたしています。
(4) 台形になる場合があります。
(5) オの条件をみたしています。
(6) 台形になる場合があります。
❷ (1) アの条件をみたしています。
(2) オの条件をみたしています。
(3) 台形になる場合があります。
(4) 台形になる場合があります。
(5) いずれの条件もみたしていません。
(6) エの条件をみたしています。
(7) 台形になる場合があります。

29 平行四辺形になるための条件❷ 本冊 p.60

❶ ア，イ　❷ ア，ウ
❸ ア　錯角(さっかく)，イ　BC，ウ　DC，
エ　2組の対辺がそれぞれ平行である
❹ ア，ウ　❺ ア，ウ
❻ 仮定より，AD＝BC　…①
仮定より，∠ADB＝∠CBDであり，
錯角が等しいから，
AD//BC　…②
①，②より，
1組の対辺が平行でその長さが等しいから，
四角形ABCDは平行四辺形である。

解き方

❶ アの条件を加えると，1組の対辺が平行でその長さが等しくなります。
イの条件を加えると，2組の対辺がそれぞれ等しくなります。
❷ アの条件を加えると，2組の対辺がそれぞれ平行になります。
ウの条件を加えると，1組の対辺が平行でその長さが等しくなります。
❸ 錯角が等しいことから，AD//BC，AB//DCを示します。
❹ アの条件を加えると，2組の対辺がそれぞれ等しくなります。
ウの条件を加えると，1組の対辺が平行でその長さが等しくなります。
❺ アの条件を加えると，1組の対辺が平行でその長さが等しくなります。
ウの条件を加えると，2組の対辺がそれぞれ平行になります。
❻ 錯角が等しいことから，AD//BCを示します。

30 平行四辺形になるための条件❸ 本冊 p.62

❶ ア　DO，イ　CO，ウ　CF，エ　FO，
オ　対角線がそれぞれの中点で交わる
❷ ア　BF，イ　BF，

ウ　1組の対辺が平行でその長さが等しい

❸ 平行四辺形の対角線はそれぞれの中点で交わるから，

BO＝DO　…①

同様に，AO＝CO　…②

仮定より，EA＝FC　…③

②，③より，EO＝FO　…④

①，④より，対角線がそれぞれの中点で交わるから，

四角形EBFDは平行四辺形である。

❹ AD∥BCだから，AE∥FC　…①

平行四辺形の対辺は等しいから，

AD＝BC，これとED＝BFより，

AE＝FC　…②

①，②より，1組の対辺が平行でその長さが等しいから，

四角形AFCEは平行四辺形である。

解き方

❶ AO＝COと仮定よりEO＝FOを示します。

❷ AD＝BCと仮定よりED＝BFを示します。

❸ AO＝COと仮定よりEO＝FOを示します。

❹ AD＝BCと仮定よりAE＝FCを示します。

31 長方形

本冊 p.64

❶ (1)角　(2)90°

❷ ア　∠DCB，イ　DC，ウ　CB，
エ　2組の辺とその間の角，オ　DB

❸ (1)2組の対角がそれぞれ等しい
(2)2組の対辺がそれぞれ等しい

❹ △ABCと△BADにおいて，

長方形の4つの角はすべて直角だから，

∠ABC＝∠BAD＝90°　…①

共通な辺だから，AB＝BA　…②

長方形の対角線は等しいから，

AC＝BD　…③

①，②，③より，

直角三角形の斜辺と他の1辺がそれぞれ等しいから，

△ABC≡△BAD

解き方

❶ (1)　長方形は4つの角がすべて等しい四角形です。

(2)　四角形の内角の和は360°だから，1つの角の大きさは360°÷4＝90°です。

❷ 長方形の対角線が等しいことを証明したいので，直角三角形の合同条件ではなく，三角形の合同条件を利用します。

❸ (1)　∠A＝∠C，∠B＝∠Dであることに着目すると，2組の対角がそれぞれ等しいという条件をみたしています。

(2)　AB＝DC，AD＝BCであることに着目すると，2組の対辺がそれぞれ等しいという条件をみたしています。

❹ 長方形の対角線が斜辺になるので，直角三角形の合同条件を利用します。

32 ひし形

本冊 p.66

❶ (1)辺　(2)5cm

❷ ア　CB，イ　BO，ウ　CO，
エ　3組の辺，オ　∠BOC

❸ (1)2組の対辺がそれぞれ等しい
(2)対角線がそれぞれの中点で交わる

❹ △ABOと△ADOにおいて，

ひし形の対角線は垂直に交わるから，

∠BOA＝∠DOA＝90°　…①

共通な辺だから，AO＝AO　…②

ひし形の4つの辺はすべて等しいから，

AB＝AD　…③

①，②，③より，

直角三角形の斜辺と他の1辺がそれぞれ等しいから，

△ABO≡△ADO

解き方

❶ (1)　ひし形は4つの辺がすべて等しい四角形です。

(2)　4つの辺の長さの和が20cmだから，1つの辺の長さは20÷4＝5(cm)です。

❷ ひし形の対角線が垂直に交わることを証明したいので，直角三角形の合同条件ではなく，三角形の合同条件を利用します。

❸ (1) AB＝DC，AD＝BCであることに着目すると，2組の対辺がそれぞれ等しいという条件をみたしています。

(2) 対角線をひいてできる△ABO，△CBO，△ADO，△CDOはすべて合同であり，AO＝CO，BO＝DOです。これに着目すると，対角線がそれぞれの中点で交わるという条件をみたしています。

❹ ひし形の対角線が垂直に交わり，斜辺が等しいので，直角三角形の合同条件を利用します。

33 正方形 本冊 p.68

❶ (1)ひし形 (2)長方形

❷ ア AD，イ AO，ウ DO，
エ 3組の辺，オ ∠DOA

❸ (1)2組の対辺がそれぞれ等しい
(2)2組の対角がそれぞれ等しい

❹ △ABCと△DCBにおいて，
正方形の4つの角はすべて直角だから，
∠ABC＝∠DCB …①
正方形の対辺は等しいから，
AB＝DC …②
共通な辺だから，BC＝CB …③
①，②，③より，
2組の辺とその間の角がそれぞれ等しいから，
△ABC≡△DCB
合同な図形の対応する辺は等しいから，
AC＝DB
よって，正方形の対角線は等しい。

解き方

❶ (1) 正方形は，4つの辺がすべて等しい平行四辺形であるから，ひし形にふくまれます。

(2) 正方形は，4つの角がすべて等しい平行四辺形であるから，長方形にふくまれます。

❷ 正方形の対角線が垂直に交わることを証明したいので，直角三角形の合同条件ではなく，三角形の合同条件を利用します。

❸ (1) AB＝DC，AD＝BCであることに着目すると，2組の対辺がそれぞれ等しいという条件をみたしています。

(2) ∠A＝∠C，∠B＝∠Dであることに着目すると，2組の対角がそれぞれ等しいという条件をみたしています。

❹ 正方形の対角線が等しいことを証明したいので，直角三角形の合同条件ではなく，三角形の合同条件を利用します。

34 特別な平行四辺形 本冊 p.70

❶ ア ❷ ウ ❸ (1)ウ (2)イ，ウ
❹ イ ❺ ア，イ ❻ イ
❼ (1)ア，ウ (2)ア，イ，ウ

解き方

❶ アの条件を加えると，4つの角がすべて等しくなります。

❷ ひし形だから4つの辺がすべて等しく，さらにウの条件を加えると，4つの角がすべて等しくなります。

❸ (1) 平行四辺形だから，ウがあてはまります。

(2) ひし形だから，イ，ウがあてはまります。

❹ イの条件を加えると，4つの辺がすべて等しくなります。

❺ アの条件を加えると，4つの角がすべて等しくなり，イの条件を加えると，4つの辺がすべて等しくなります。

❻ 長方形だから4つの角がすべて等しく，さらにイの条件を加えると，4つの辺がすべて等しくなります。

❼ (1) 長方形だから，ア，ウがあてはまります。

(2) 正方形だから，ア，イ，ウがあてはまります。

35 平行線と面積❶

本冊 p.72

❶ (1)△DBE (2)△DEC
❷ (1)△CFE (2)△ACE，△ACF
❸ (1)△AED (2)△BCE
❹ (1)△DGC (2)△EFC
(3)△DFG，△DEG，△DEF，
△DEC

解き方

❶ (1) △ABEとBEが共通で，高さが等しい△DBEを答えます。
(2) △AECとECが共通で，高さが等しい△DECを答えます。
❷ (1) △AFEとEFが共通で，高さが等しい△CFEを答えます。
(2) △ABEとAEが共通で，高さが等しい△ACE，△ACEとACが共通で，高さが等しい△ACFを答えます。
❸ (1) △BEDとDEが共通で，高さが等しい△AEDを答えます。
(2) △ACEとCEが共通で，高さが等しい△BCEを答えます。
❹ (1) △EGCとGCが共通で，高さが等しい△DGCを答えます。
(2) △DFCとFCが共通で，高さが等しい△EFCを答えます。
(3) △EFGとFGが共通で，高さが等しい△DFG，△DFGとDGが共通で，高さが等しい△DEG，△DEGとEDが共通で，高さが等しい△DEF，△DECを答えます。

36 平行線と面積❷

本冊 p.74

❶ (1)$4\,cm^2$ (2)$15\,cm^2$
❷ (1)$5\,cm^2$ (2)$8\,cm^2$
❸ (1)$8\,cm^2$ (2)$12\,cm^2$
❹ (1)$7\,cm^2$ (2)$4\,cm^2$ (3)$15\,cm^2$

解き方

❶ (1) △ABC＝△DBCだから，
△DOC＝10－6＝4(cm²)
(2) △ABD＝△ACDだから，
△ACD＝9＋6＝15(cm²)
❷ (1) △EBD＝△EBCだから，
△OBC＝8－3＝5(cm²)
(2) EはABの中点だから，△AED＝△EBC
△EBO＝20－12＝8(cm²)
❸ (1) △ABC＝△DBCだから，
△OBC＝18－10＝8(cm²)
(2) △ABC＝△DBCだから，△ABO＝△DOC
△DOC＝12(cm²)
❹ (1) EはDCの中点だから，△ACE＝△AED
△ACE＝14÷2＝7(cm²)
(2) EはDCの中点だから，△AED＝△BCE
△OCE＝16－12＝4(cm²)
(3) △ACD＝△BCDだから，
△ABD＝27－12＝15(cm²)

37 平行線と面積❸

本冊 p.76

❶ (1)$10\,cm^2$ (2)△AEF (3)四角形ADFC
❷

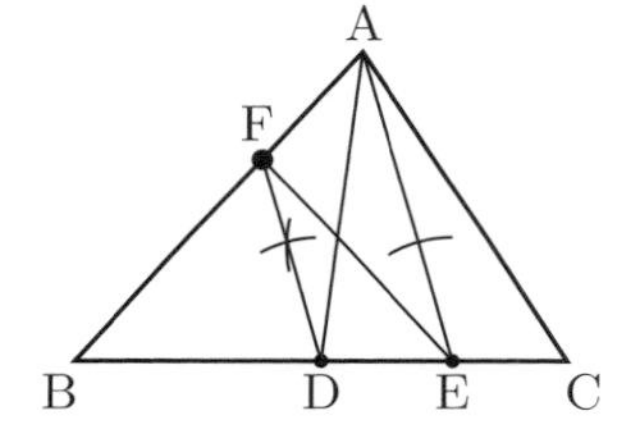

❸ (1)$18\,cm^2$ (2)△DBE (3)四角形ABFD
(4)$6\,cm^2$
❹

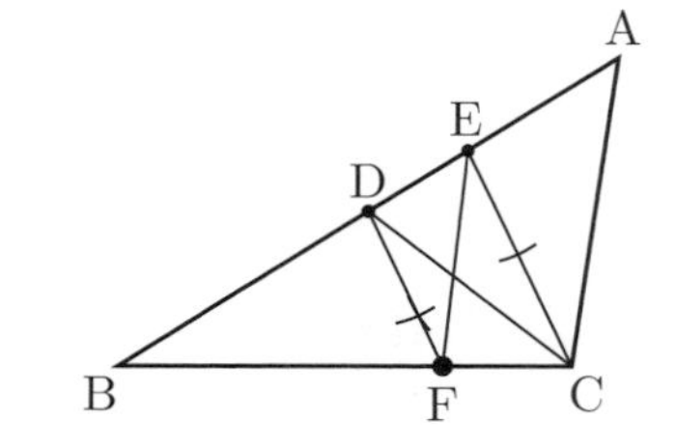

解き方

❶ (1)　EはBCの中点だから，△ABE＝△AEC
△AEC＝20÷2＝10(cm^2)
(2)　△ADFとAFが共通で，高さが等しい△AEFを答えます。
(3)　△AEF＝△ADFだから，△AECと四角形ADFCは面積が等しくなります。

❷　AEに平行な直線をひき，△ADE＝△AFEとなる点Fを作図します。ここでは，**ひし形の対辺が平行であるという性質**を利用して平行な直線をひいています。

❸ (1)　EはACの中点だから，△ABE＝△EBC
△ABC＝9×2＝18(cm^2)
(2)　△DBFとDBが共通で，高さが等しい△DBEを答えます。
(3)　△DBE＝△DBFだから，△ABEと四角形ABFDは面積が等しくなります。
(4)　△DFCの面積は△ABCの面積の半分で，△DGCの面積はその半分だから，
△DGC＝24÷4＝6(cm^2)

❹　ECに平行な直線をひき，△EDC＝△EFCとなる点Fを作図します。

38 平行線と面積❹

本冊 p.78

❶

A　D　B　C　E

❷

A　D　E　B　C

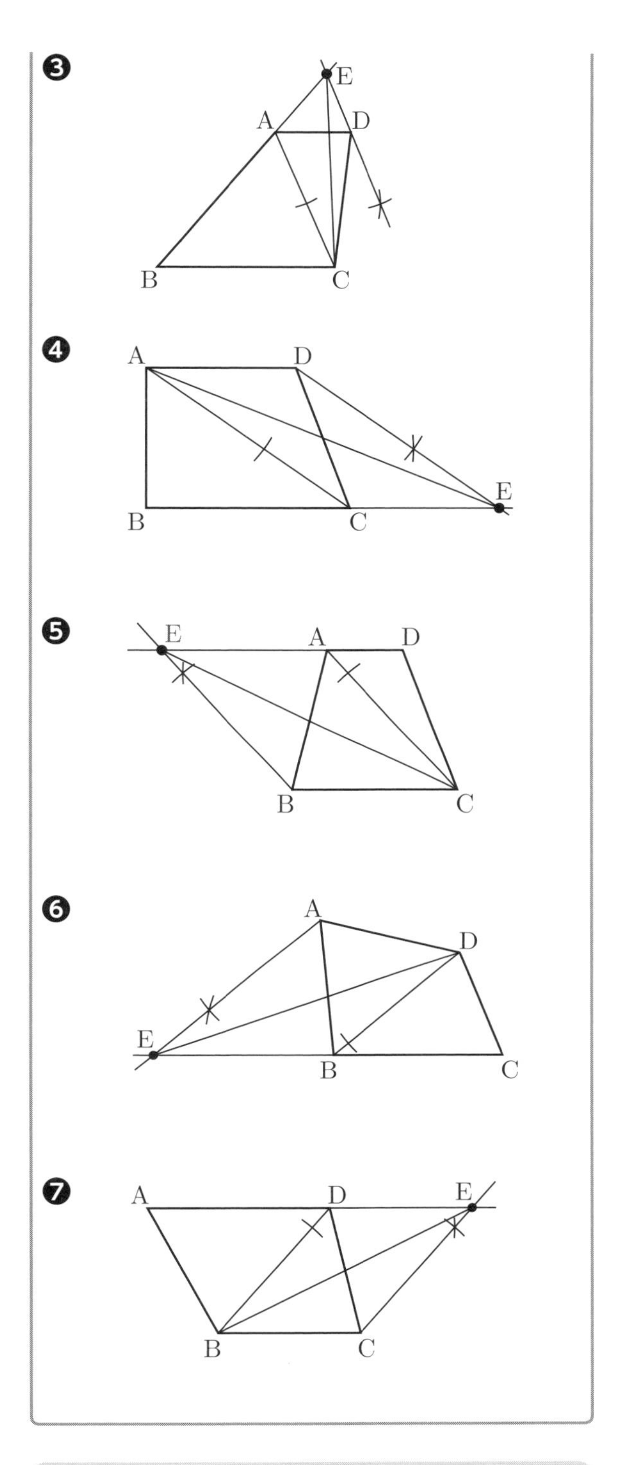

解き方

❶　△ABEができるように，△ACD＝△ACEとなる点Eを作図します。

❷　△DECができるように，△ABD＝△EBDとなる点Eを作図します。

❸　△EBCができるように，△ACD＝△ACEとなる点Eを作図します。

❹　△ABEができるように，△ACD＝△ACEとなる点Eを作図します。

❺　△ECDができるように，△ABC＝△AECとなる点Eを作図します。

❻　△DECができるように，△ABD＝△EBDとなる点Eを作図します。

❼　△ABEができるように，△DBC＝△DBEとなる点Eを作図します。

39 まとめのテスト❷ 本冊 p.80

❶　(1)**56°**　(2)**21°**

❷　(1)すべての辺が等しい四角形は，正方形である。，×

(2)対角線が垂直に交わる四角形は，ひし形である。，〇

❸　**△EBF，△DBF，△ABE，△AFE**

❹　△**ABE**と△**CDF**において，

仮定より，**BE＝DF**　…①

平行四辺形の対辺は等しいから，

AB＝CD　…②

平行四辺形の対角は等しいから，

∠ABE＝∠CDF　…③

①，②，③より，

2組の辺とその間の角がそれぞれ等しいから，

△ABE≡△CDF

❺　△**ABE**と△**ACD**において，

仮定より，**AB＝AC**　…①

仮定より，**∠BEA＝∠CDA＝90°**　…②

共通な角だから，**∠EAB＝∠DAC**　…③

①，②，③より，直角三角形の斜辺と**1**つの鋭角(えいかく)がそれぞれ等しいから，

△ABE≡△ACD

合同な図形の対応する角は等しいから，

∠ABE＝∠ACD

解き方

❶　(1)　180°−118°＝62°

∠x＝180°−62°×2＝56°

(2)　180°−46°×2＝88°

(180°−46°)÷2＝67°

∠x＝88°−67°＝21°

❷　(1)　ひし形になりますが，正方形にならない場合があるので，正しくありません。

(2)　逆も成り立ちます。

❸　△ABFとBFが共通で，高さが等しい△EBFと△DBF，△ABFとABが共通で，高さが等しい△ABE，△ABEとAEが共通で，高さが等しい△AFEを答えます。

❹　仮定と平行四辺形の性質を利用して証明します。

❺　仮定より2つの直角三角形の斜辺が等しいことがわかるので，直角三角形の合同条件を利用します。

40 いろいろな確率❶ 本冊 p.82

❶　(1)**6通り**　(2)**3通り**　(3)$\frac{1}{2}$

❷　(1)**13通り**　(2)$\frac{1}{4}$　(3)**4通り**　(4)$\frac{1}{13}$

❸　(1)**1通り**　(2)$\frac{1}{6}$　(3)**2通り**　(4)$\frac{1}{3}$

❹　(1)**26通り**　(2)$\frac{1}{2}$　(3)**12通り**　(4)$\frac{3}{13}$

解き方

❶　(1)　1〜6の目のいずれかが出るので，6通り。

(2)　偶数(ぐうすう)の目は，2，4，6なので，3通り。

(3)　$\frac{3}{6}=\frac{1}{2}$

❷　(1)　スペードのカードは13枚あるので，13通り。

(2)　$\frac{13}{52}=\frac{1}{4}$

(3)　5のカードは4枚あるので，4通り。

(4)　$\frac{4}{52}=\frac{1}{13}$

❸　(1)　2の目が出る場合の数は，1通り。

(2)　起こる場合は全部で6通りなので，$\frac{1}{6}$

(3)　3の倍数の目は，3，6なので，2通り。

(4)　$\frac{2}{6}=\frac{1}{3}$

❹ (1)　ハートとダイヤのカードは合わせて26枚あるので，26通り。

(2)　$\frac{26}{52}=\frac{1}{2}$

(3)　3以下のカードは12枚あるので，12通り。

(4)　$\frac{12}{52}=\frac{3}{13}$

41 いろいろな確率❷　本冊 p.84

❶ (1)$\frac{1}{3}$　(2)0　(3)1

❷ (1)$\frac{1}{52}$　(2)1

❸ (1)$\frac{2}{5}$　(2)$\frac{3}{5}$　(3)1

❹ (1)$\frac{3}{10}$　(2)$\frac{1}{5}$　(3)0

解き方

❶ (1)　2以下の目が出る場合は，2通りです。

よって，確率は$\frac{2}{6}=\frac{1}{3}$

(2)　7以上の目が出る場合は，0通りです。

よって，確率は0

(3)　6以下の目が出る場合は，6通りです。

よって，確率は$\frac{6}{6}=1$

❷ (1)　ハートの3である場合は，1通りです。

よって，確率は$\frac{1}{52}$

(2)　1以上である場合は，52通りです。

よって，確率は$\frac{52}{52}=1$

❸ (1)　白球である場合は，2通りです。

よって，確率は$\frac{2}{5}$

(2)　赤球である場合は，3通りです。

よって，確率は$\frac{3}{5}$

(3)　赤球か白球である場合は，5通りです。

よって，確率は$\frac{5}{5}=1$

❹ (1)　3の倍数である場合は，3，6，9の3通りです。

よって，確率は$\frac{3}{10}$

(2)　8より大きい場合は，9，10の2通りです。

よって，確率は$\frac{2}{10}=\frac{1}{5}$

(3)　負の数である場合は，0通りです。

よって，確率は0

42 いろいろな確率❸　本冊 p.86

❶ (1)$\frac{1}{4}$　(2)$\frac{1}{2}$　(3)$\frac{1}{8}$

❷ (1)$\frac{1}{9}$　(2)$\frac{4}{9}$

❸ (1)$\frac{1}{4}$　(2)$\frac{3}{8}$　(3)$\frac{3}{8}$

❹ (1)$\frac{1}{9}$　(2)$\frac{2}{9}$　(3)$\frac{4}{9}$

解き方

❶ (1)　2回投げたときの面の出方は，表をオ，裏をウと表すと，(オ，オ)，(オ，ウ)，(ウ，オ)，(ウ，ウ)の4通りです。

そのうち，表が2回出る場合は，1通りです。

よって，確率は$\frac{1}{4}$

(2)　表が1回，裏が1回出る場合は，2通りです。

よって，確率は$\frac{2}{4}=\frac{1}{2}$

(3)　3回投げたときの面の出方は，(オ，オ，オ)，(オ，オ，ウ)，(オ，ウ，オ)，(オ，ウ，ウ)，(ウ，オ，オ)，(ウ，オ，ウ)，(ウ，ウ，オ)，(ウ，ウ，ウ)の8通りです。

そのうち，裏が3回出る場合は，1通りです。

よって，確率は$\frac{1}{8}$

❷ (1)　2回取り出したときの球の出方は，2個の白球を白1，白2と表すと，(赤，赤)，(赤，白1)，(赤，白2)，(白1，赤)，(白1，白1)，(白1，白2)，(白2，赤)，(白2，白1)，(白2，白2)の9通りです。

そのうち，赤球が2回出る場合は，1通りです。

よって，確率は$\frac{1}{9}$

(2)　白球が2回出る場合は，4通りです。

よって，確率は$\frac{4}{9}$

❸ (1) 面の出方は4通りです。
そのうち，裏が2回出る場合は，1通りです。
よって，確率は$\frac{1}{4}$

(2) 面の出方は8通りです。
そのうち，表が2回，裏が1回出る場合は，3通りです。
よって，確率は$\frac{3}{8}$

(3) 表が1回，裏が2回出る場合は，3通りです。
よって，確率は$\frac{3}{8}$

❹ (1) 2回取り出したときの球の出方は，(赤，赤)，(赤，白)，(赤，青)，(白，赤)，(白，白)，(白，青)，(青，赤)，(青，白)，(青，青)の9通りです。
そのうち，青玉が2回出る場合は，1通りです。
よって，確率は$\frac{1}{9}$

(2) 赤球が1回，白球が1回出る場合は，2通りです。よって，確率は$\frac{2}{9}$

(3) 2回とも赤球か白球が出る場合は，4通りです。よって，確率は$\frac{4}{9}$

43 いろいろな確率❹ 本冊 p.88

❶ (1)

大＼小	1	2	3	4	5	6
1	**2**	**3**	**4**	**5**	**6**	**7**
2	**3**	**4**	**5**	**6**	**7**	**8**
3	**4**	**5**	**6**	**7**	**8**	**9**
4	**5**	**6**	**7**	**8**	**9**	**10**
5	**6**	**7**	**8**	**9**	**10**	**11**
6	**7**	**8**	**9**	**10**	**11**	**12**

(2)$\frac{5}{36}$　(3)$\frac{1}{6}$　(4)$\frac{1}{2}$　(5)$\frac{1}{3}$

❷ (1)

大＼小	1	2	3	4	5	6
1	**1**	**2**	**3**	**4**	**5**	**6**
2	**2**	**4**	**6**	**8**	**10**	**12**
3	**3**	**6**	**9**	**12**	**15**	**18**
4	**4**	**8**	**12**	**16**	**20**	**24**
5	**5**	**10**	**15**	**20**	**25**	**30**
6	**6**	**12**	**18**	**24**	**30**	**36**

(2)$\frac{1}{9}$　(3)$\frac{5}{18}$　(4)$\frac{1}{4}$　(5)$\frac{3}{4}$　(6)$\frac{5}{12}$

解き方

❶ (1) **目の出方は全部で36通り**です。

(2) 和が6になる場合は，5通りです。
よって，確率は$\frac{5}{36}$

(3) 和が10以上になる場合は，6通りです。
よって，確率は$\frac{6}{36}=\frac{1}{6}$

(4) 和が偶数(ぐうすう)になる場合は，18通りです。
よって，確率は$\frac{18}{36}=\frac{1}{2}$

(5) 和が3の倍数になる場合は，12通りです。
よって，確率は$\frac{12}{36}=\frac{1}{3}$

❷ (1) 目の出方は全部で36通りです。

(2) 積が12になる場合は，4通りです。
よって，確率は$\frac{4}{36}=\frac{1}{9}$

(3) 積が18以上になる場合は，10通りです。
よって，確率は$\frac{10}{36}=\frac{5}{18}$

(4) 積が奇数(きすう)になる場合は，9通りです。
よって，確率は$\frac{9}{36}=\frac{1}{4}$

(5) 積が偶数になる場合は，27通りです。
よって，確率は$\frac{27}{36}=\frac{3}{4}$

(6) 積が6の倍数になる場合は，15通りです。
よって，確率は$\frac{15}{36}=\frac{5}{12}$

44 いろいろな確率❺ 本冊 p.90

❶ (1)$\frac{1}{8}$　(2)$\frac{7}{8}$　❷ (1)$\frac{1}{16}$　(2)$\frac{15}{16}$

❸ (1)$\frac{1}{36}$ (2)$\frac{35}{36}$ (3)$\frac{8}{9}$ ❹ (1)$\frac{1}{4}$ (2)$\frac{3}{4}$

解き方

❶ (1) 3回投げたときの面の出方は8通りです。
そのうち，表が3回出る場合は，1通りです。
よって，確率は$\frac{1}{8}$

(2) 裏が少なくとも1回出る確率は，
1－(裏が1回も出ない確率)で求められます。
よって，確率は$1-\frac{1}{8}=\frac{7}{8}$

❷ 4個の球を，赤1，赤2，赤3，白と区別して考えます。

(1) 2回取り出したときの球の出方は16通りです。
そのうち，白球が2回出る場合は，1通りです。
よって，確率は$\frac{1}{16}$

(2) 少なくとも1回は赤球である確率は，
1－(赤球が1回も出ない確率)で求められます。
よって，確率は$1-\frac{1}{16}=\frac{15}{16}$

❸ (1) 目の出方は全部で36通りです。
そのうち，どちらの目の数も6であるのは1通りです。
よって，確率は$\frac{1}{36}$

(2) 少なくとも1個の目の数が5以下である確率は，**1－(5以下の目が1個も出ない確率)**で求められます。
よって，確率は$1-\frac{1}{36}=\frac{35}{36}$

(3) 少なくとも1個の目の数が4以下である確率は，**1－(4以下の目が1個も出ない確率)**で求められます。
4以下の目が1個も出ないのは，
(大，小)＝(5，5)，(5，6)，(6，5)，(6，6)の4通りで，その確率は$\frac{4}{36}=\frac{1}{9}$
よって，求める確率は$1-\frac{1}{9}=\frac{8}{9}$

❹ 4個の球を，赤1，赤2，白1，白2と区別して考えます。

(1) 2回取り出したときの球の出方は16通りです。
そのうち，赤球が2回出る場合は，4通りです。
よって，確率は$\frac{4}{16}=\frac{1}{4}$

(2) 少なくとも1回は白球である確率は，
1－(白球が1回も出ない確率)で求められます。
よって，確率は$1-\frac{1}{4}=\frac{3}{4}$

45 いろいろな確率⑥

本冊 p.92

❶ $\frac{1}{12}$ ❷ (1)6通り (2)$\frac{1}{6}$
❸ (1)3通り (2)$\frac{2}{3}$ ❹ $\frac{1}{20}$
❺ (1)10通り (2)$\frac{2}{5}$ (3)$\frac{3}{5}$
❻ (1)3通り (2)$\frac{1}{3}$

解き方

❶ Aが班長になる場合は，3通りです。B，C，Dが班長になる場合も，それぞれ3通りなので，起こる場合は全部で12通りです。
そのうち，Aが班長，Bが副班長なのは1通りです。
よって，確率は$\frac{1}{12}$

❷ (1) AとB，AとC，AとD，BとC，BとD，CとDの6通りです。

(2) BとCが選ばれるのは，1通りです。
よって，確率は$\frac{1}{6}$

❸ (1) 3けたの整数は，112，121，211の3通りできます。

(2) 200より小さいのは，112，121の2通りです。
よって，確率は$\frac{2}{3}$

❹ Aが班長になる場合は，4通りです。B，C，D，Eが班長になる場合も，それぞれ4通りなので，起こる場合は全部で20通りです。
そのうち，Cが班長，Eが副班長なのは1通りです。
よって，確率は$\frac{1}{20}$

❺ (1) AとB，AとC，AとD，AとE，BとC，BとD，BとE，CとD，CとE，DとEの10通りです。

(2) Aが選ばれるのは，4通りです。

よって，確率は$\frac{4}{10}=\frac{2}{5}$

(3) Aが選ばれない確率は，
1−(Aが選ばれる確率)で求められます。

よって，確率は$1-\frac{2}{5}=\frac{3}{5}$

❻ (1) 3文字の並びは，AAB，ABA，BAAの3通りできます。

(2) 3文字の並びがBAAになるのは1通りです。

よって，確率は$\frac{1}{3}$

46 いろいろな確率❼ 本冊 p.94

❶ (1)**12通り** (2)$\frac{1}{4}$ (3)$\frac{1}{2}$

❷ (1)**8通り** (2)$\frac{1}{2}$

❸ (1)**6通り** (2)$\frac{1}{2}$ (3)$\frac{2}{3}$

❹ (1)$\frac{5}{8}$ (2)$\frac{1}{4}$

解き方

❶ (1) できる2けたの整数は，12，13，14，21，23，24，31，32，34，41，42，43の12通りです。

(2) 40より大きい整数は，3通りです。

よって，確率は$\frac{3}{12}=\frac{1}{4}$

(3) 偶数(ぐうすう)である整数は，6通りです。

よって，確率は$\frac{6}{12}=\frac{1}{2}$

❷ (1) 合計金額は，0円，10円，50円，60円，100円，110円，150円，160円の8通りです。

(2) 合計金額が100円以上である場合は，4通りです。

よって，確率は$\frac{4}{8}=\frac{1}{2}$

❸ (1) できる3けたの整数は，123，132，213，231，312，321の6通りです。

(2) 230より大きい整数は，3通りです。

よって，確率は$\frac{3}{6}=\frac{1}{2}$

(3) 奇数(きすう)である整数は，4通りです。

よって，確率は$\frac{4}{6}=\frac{2}{3}$

❹ (1) 合計金額は，0円，1円，10円，11円，50円，51円，60円，61円の8通りです。
そのうち，合計金額が50円以下である場合は，5通りです。

よって，確率は$\frac{5}{8}$

(2) 合計金額が60円以上である場合は，2通りです。

よって，確率は$\frac{2}{8}=\frac{1}{4}$

47 まとめのテスト❸ 本冊 p.96

❶ $\frac{1}{13}$ ❷ (1)$\frac{2}{3}$ (2)$\frac{1}{3}$ ❸ $\frac{1}{6}$

❹ (1)$\frac{1}{5}$ (2)$\frac{1}{5}$ (3)$\frac{3}{5}$ ❺ (1)$\frac{1}{4}$ (2)$\frac{3}{4}$

解き方

❶ マークがスペードで数字が4以下のカードは，4通りです。

よって，確率は$\frac{4}{52}=\frac{1}{13}$

❷ (1) 3文字の並びは，ABC，ACB，BAC，BCA，CAB，CBAの6通りできます。
そのうち，AとBがとなり合うのは，4通りです。

よって，確率は$\frac{4}{6}=\frac{2}{3}$

(2) Bが中央にあるのは，2通りです。

よって，確率は$\frac{2}{6}=\frac{1}{3}$

❸ 2数の組み合わせは，1と2，1と3，1と4，2と3，2と4，3と4の6通りです。
そのうち，積が奇数(きすう)なのは，1と3の1通りです。

よって，確率は$\frac{1}{6}$

❹ (1) Aが班長になる場合は，4通りです。B，C，D，Eが班長になる場合も，それぞれ4通

りなので，起こる場合は全部で20通りです。

よって，確率は$\frac{4}{20}=\frac{1}{5}$

(2) 班長の場合と同様に考えればよいので，

確率は$\frac{4}{20}=\frac{1}{5}$

(3) Aが班長にも副班長にもならない場合は，12通りです。

よって，確率は$\frac{12}{20}=\frac{3}{5}$

また，(1)と(2)より，$1-\frac{1}{5}-\frac{1}{5}=\frac{3}{5}$

と求めることもできます。

❺ (1) どちらも奇数なのは，(大，小)=(1，1)，(1，3)，(1，5)，(3，1)，(3，3)，(3，5)，(5，1)，(5，3)，(5，5)の9通りで，

その確率は$\frac{9}{36}=\frac{1}{4}$

(2) 少なくとも1個の目の数が偶数(ぐうすう)である確率は，1−(2個とも目の数が奇数である確率)で求められます。

よって，確率は$1-\frac{1}{4}=\frac{3}{4}$

48 四分位数

本冊 p.98

❶ (1)**5.5** (2)**3.5** (3)**6.5**

❷ (1)**3，4，4，6，6，7，8，9，9**
(2)**6** (3)**4** (4)**8.5**

❸ (1)**10，11，12，14，15，16，18，18，19，20**
(2)**15.5** (3)**12** (4)**18**

❹ (1)**5，5，6，6，7，8，9，9，10，11，13，15**
(2)**8.5** (3)**6** (4)**10.5**

解き方

❶ (1) データの個数は8で，小さい方から4番目のデータが5，5番目のデータが6だから，第2四分位数(しぶんいすう)は，

$(5+6)\div2=5.5$

(2) 小さい方から2番目のデータが3，3番目のデータが4だから，第1四分位数は，

$(3+4)\div2=3.5$

(3) 小さい方から6番目のデータが6，7番目のデータが7だから，第3四分位数は，

$(6+7)\div2=6.5$

❷ (2) データの個数は9で，小さい方から5番目のデータが6だから，第2四分位数は，6

(3) 小さい方から2番目のデータが4，3番目のデータが4だから，第1四分位数は，4

(4) 小さい方から7番目のデータが8，8番目のデータが9だから，第3四分位数は，

$(8+9)\div2=8.5$

❸ (2) データの個数は10で，小さい方から5番目のデータが15，6番目のデータが16だから，第2四分位数は，

$(15+16)\div2=15.5$

(3) 小さい方から3番目のデータが12だから，第1四分位数は，12

(4) 小さい方から8番目のデータが18だから，第3四分位数は，18

❹ (2) データの個数は12で，小さい方から6番目のデータが8，7番目のデータが9だから，第2四分位数は，

$(8+9)\div2=8.5$

(3) 小さい方から3番目のデータが6，4番目のデータが6だから，第1四分位数は，6

(4) 小さい方から9番目のデータが10，10番目のデータが11だから，第3四分位数は，

$(10+11)\div2=10.5$

49 四分位範囲

本冊 p.100

❶ (1)**2，2，4，5，5，6，7，8**
(2)**3** (3)**6.5** (4)**3.5**

❷ (1)**4，5，5，6，7，7，8，9，9**
(2)**5点** (3)**8.5点** (4)**3.5点**

❸ (1)**12，15，18，21，23，24，30**
(2)**15** (3)**24** (4)**9**

❹ (1)**1，2，2，5，7，7，9，12，13，16**
(2)**2点** (3)**12点** (4)**10点**

解き方

❶ (2) データの個数は8で，小さい方から2番目のデータが2，3番目のデータが4だから，第1四分位数（しぶんいすう）は，

$(2+4)\div2=3$

(3) 小さい方から6番目のデータが6，7番目のデータが7だから，第3四分位数は，

$(6+7)\div2=6.5$

(4) (四分位範囲（はんい）)＝(第3四分位数)－(第1四分位数)だから，

$6.5-3=3.5$

❷ データに単位がついているときは，**四分位数や四分位範囲に単位をつけます。**

(2) データの個数は9で，小さい方から2番目のデータが5，3番目のデータが5だから，第1四分位数は，5点

(3) 小さい方から7番目のデータが8，8番目のデータが9だから，第3四分位数は，

$(8+9)\div2=8.5$(点)

(4) (四分位範囲)＝(第3四分位数)－(第1四分位数)だから，

$8.5-5=3.5$(点)

❸ (2) データの個数は7で，小さい方から2番目のデータが15だから，第1四分位数は，15

(3) 小さい方から6番目のデータが24だから，第3四分位数は，24

(4) (四分位範囲)＝(第3四分位数)－(第1四分位数)だから，

$24-15=9$

❹ (2) データの個数は10で，小さい方から3番目のデータが2だから，第1四分位数は，2点

(3) 小さい方から8番目のデータが12だから，第3四分位数は，12点

(4) (四分位範囲)＝(第3四分位数)－(第1四分位数)だから，

$12-2=10$(点)

50 箱ひげ図❶

本冊 p.102

❶

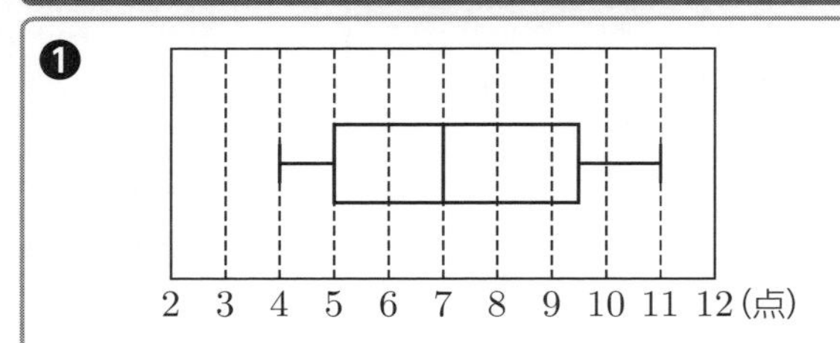

❷ (1)**7.5点**　(2)**4.5点**　(3)**9点**

(4)

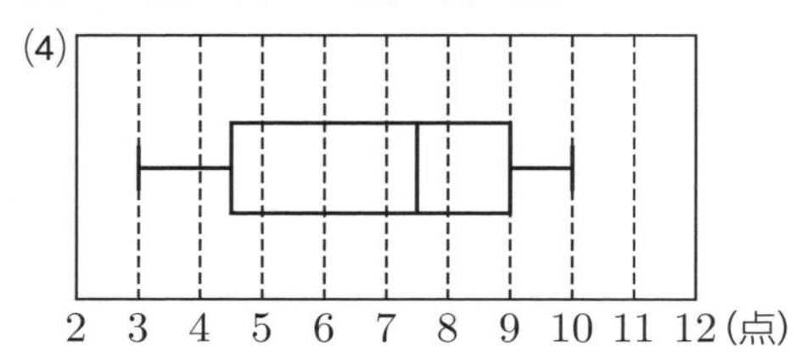

❸

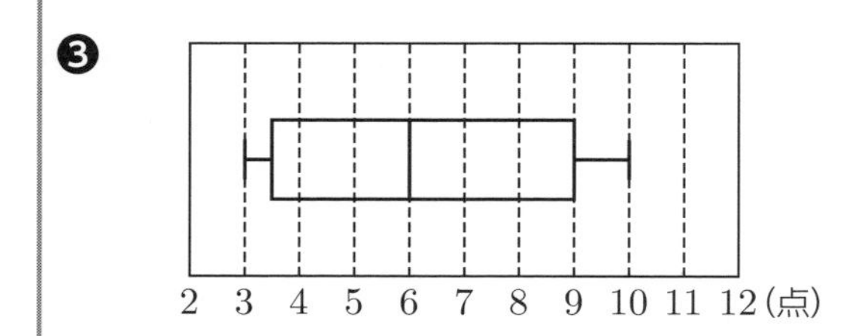

❹ (1)**2，2，3，5，7，8，9，10，10**

(2)**7回**　(3)**2.5回**　(4)**9.5回**

(5)

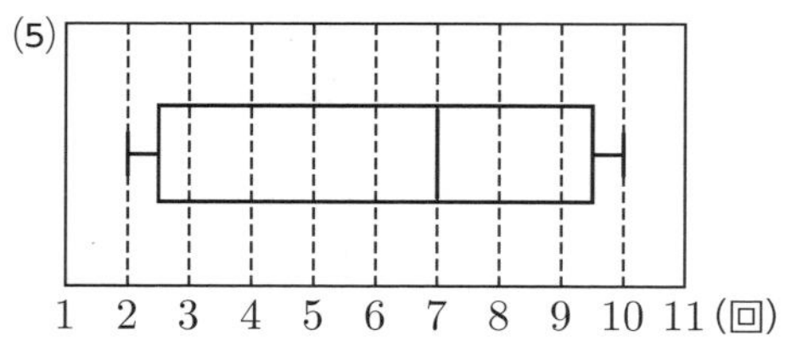

解き方

❶ 最小値が**ひげの左端**，第1四分位数（しぶんいすう）が**箱の左端**，第2四分位数が**箱の中の線**，第3四分位数が**箱の右端**，最大値が**ひげの右端**となるように図をかきます。

❷ (1) データの個数は12で，小さい方から6番目のデータが7，7番目のデータが8だから，第2四分位数は，

$(7+8)\div2=7.5$(点)

(2) 小さい方から3番目のデータが4，4番目の

データが5だから，第1四分位数は，
(4＋5)÷2＝4.5(点)

(3) 小さい方から9番目のデータが9，10番目のデータが9だから，第3四分位数は，9点

(4) 最小値3点，最大値10点と求めた四分位数を使って箱ひげ図をかきます。

❸ 最小値がひげの左端，第1四分位数が箱の左端，第2四分位数が箱の中の線，第3四分位数が箱の右端，最大値がひげの右端となるように図をかきます。

❹ (2) データの個数は9で，小さい方から5番目のデータが7だから，第2四分位数は，7回

(3) 小さい方から2番目のデータが2，3番目のデータが3だから，第1四分位数は，
(2＋3)÷2＝2.5(回)

(4) 小さい方から7番目のデータが9，8番目のデータが10だから，第3四分位数は，
(9＋10)÷2＝9.5(回)

(5) 最小値2回，最大値10回と求めた四分位数を使って箱ひげ図をかきます。

51 箱ひげ図❷ 本冊 p.104

❶ ア，ウ，オ　❷ イ　❸ ウ，エ　❹ ウ

解き方

❶ ア 最小値が3点なので，正しいです。

イ 第2四分位数が7点ですが，小さい方から5番目のデータが6点，6番目のデータが8点の場合があるので，正しくありません。

ウ 第3四分位数が8点であり，小さい方から8番目のデータが8点なので，正しいです。

エ 四分位範囲は，8−5＝3(点)なので，正しくありません。

オ 第2四分位数が7点なので，小さい方から6番目のデータは，7点以上です。よって，正しいです。

❷ 箱ひげ図を見ると，左側にかたよっており，これに対応するヒストグラムはイです。

❸ ア 最小値が2点，第1四分位数が4点ですが，得点が3点であった生徒がいるかどうかは読みとれないため，正しくありません。

イ 第1四分位数が4点ですが，小さい方から3番目のデータが3点，4番目のデータが5点の場合があるので，正しくありません。

ウ 最大値が9点なので，正しいです。

エ 四分位範囲は，8−4＝4(点)なので，正しいです。

オ 第2四分位数が5点なので，小さい方から6番目のデータは，5点以下です。得点が4点以下であった生徒が6人以上いるかどうかは読みとれないため，正しくありません。

❹ 箱ひげ図を見ると，やや右側にかたよっていますが，大きなかたよりはなく，これに対応するヒストグラムはウです。

52 まとめのテスト❹ 本冊 p.106

❶ **A**

❷ (1)**6，7，7，8，9，10，12，13，14，14**

(2)**9.5回**　(3)**7回**　(4)**13回**

(5)
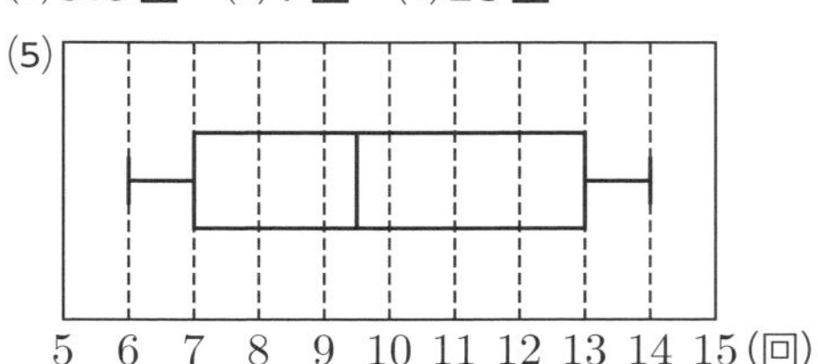

❸ (1)オ　(2)ア，ウ

❹ イ

解き方

❶ Aの四分位範囲は，9−4＝5(点)
Bの四分位範囲は，7−4＝3(点)
よって，四分位範囲が大きいのはAです。

❷ (2) データの個数は10で，小さい方から5番目のデータが9，6番目のデータが10だから，第2四分位数は，
(9＋10)÷2＝9.5(回)

(3) 小さい方から3番目のデータが7だから，第1四分位数は，7回

(4)　小さい方から8番目のデータが13だから，第3四分位数は13回

(5)　最小値6回，最大値14回と求めた四分位数を使って箱ひげ図をかきます。

❸ (1)　ア　第2四分位数が12点ですが，小さい方から10番目のデータが11点，11番目のデータが13点の場合があるので，正しくありません。

イ　第1四分位数が8点ですが，小さい方から5番目のデータが7点，6番目のデータが9点の場合があるので，正しくありません。

ウ　得点が19点であった生徒は1人以上いますが，18点であった生徒がいるかどうかは読みとれないため，正しくありません。

エ　得点が19点であった生徒は1人以上いますが，1人かどうかは読みとれないため，正しくありません。

オ　第3四分位数が15点なので，小さい方から16番目のデータは，15点以上です。よって，正しいです。

(2)　20人の中で，小さい方から11番目のデータが新しい第2四分位数になります。11番目のデータは12点か12点以上なので，可能性があるのはア，ウです。

❹ ヒストグラムを見ると，右側にかたよっており，これに対応する箱ひげ図はイです。

チャレンジテスト❶

本冊 p.108

1 75°　**2** 64°　**3** ウ

4 逆　$a+b$が正の数ならば，aもbも正の数である。

反例(はんれい)　(例) $a=2$，$b=-1$のとき

5 $\frac{5}{8}$　**6** $\frac{5}{6}$

7 △ABFと△DAGにおいて，

仮定より，

∠BFA＝∠AGD＝90°　…①

正方形の辺はすべて等しいから，

AB＝DA　…②

∠FAB＋∠DAG＝90°，

∠GDA＋∠DAG＝90°だから，

∠FAB＝∠GDA　…③

①，②，③より，

直角三角形の斜辺と1つの鋭角(えいかく)がそれぞれ等しいから，

△ABF≡△DAG

解き方

1 125°の角に，直線ℓに平行な直線をひいて解きます。

(180°－130°)＋∠x＝125°

∠x＝75°

2 80°＋56°＋90°＋(180°－110°)＋∠x＝360°

∠x＝64°

3 ア，イ，エは正しく，ウは，箱の横の長さは四分位範囲(しぶんいはんい)を表しているので，正しくありません。

4 反例は，$a+b$が正の数で，a，bのどちらかが負の数であるような組み合わせを挙げます。

$a=-1$，$b=2$のときなども正解です。

5 表と裏の出方は全部で8通りです。

合計金額が100円以上になるのは，100円玉が表になるときの4通りと，100円玉が裏になるときの1通りを合わせて5通りです。

よって，確率は$\frac{5}{8}$

6 目の数の和が6の倍数になるのは，和が6になる5通りと，和が12になる1通りを合わせて6通りです。

よって，その確率は$\frac{6}{36}=\frac{1}{6}$

目の数の和が6の倍数にならない確率は，

$1-\frac{1}{6}=\frac{5}{6}$

7 ∠FAB＋∠DAG＝90°と，

∠GDA＋∠DAG＝180°－90°＝90°より，

∠FAB＝∠GDAを示します。

チャレンジテスト❷

本冊 p.110

1 47°　**2** ア，エ　**3** イ，オ

4 $\frac{5}{12}$　**5** $\frac{1}{6}$

6 △ABDと△ECBにおいて,
仮定より,
∠DBA＝∠BCE …①
平行線の錯角(さっかく)は等しいから,
∠ADB＝∠EBC …②
仮定より△BCDはBC＝BDの二等辺三角形だから,
BD＝CB …③
①, ②, ③より,
1組の辺とその両端(りょうたん)の角がそれぞれ等しいから,
△ABD≡△ECB
合同な図形の対応する辺は等しいから,
AB＝EC

解き方

1 $28^\circ + 80^\circ = 108^\circ$
$\angle x + 25^\circ + 108^\circ = 180^\circ$
$\angle x = 47^\circ$

2 ア　長方形になり，これは平行四辺形にふくまれます。
イ　台形になる場合があります。
ウ　ひし形になる場合とならない場合があります。
エ　平行四辺形になります。

3 ア　最小値が35回ですが，1人かどうかは読みとれないので，正しくありません。
イ　最大値が95回なので，正しいです。
ウ　平均値は箱ひげ図から読みとれないので，正しくありません。
エ　第2四分位数(しぶんいすう)が57回なので，小さい方から8番目のデータが57回ですが，60回以下の生徒の人数は読みとれないので，正しくありません。
オ　第3四分位数が60回より大きく，これは小さい方から12番目のデータなので，正しいです。

4 2枚の1が書かれたカードを区別すると，3けたの整数のでき方は全部で24通りです。1が2枚あるので，たとえば123は2通りできます。ほかの整数もそれぞれ2通りずつできます。
213以上になるのは，1枚目が2のときの4通りと，1枚目が3のときの6通りを合わせて10通りです。
よって，確率は$\frac{10}{24}=\frac{5}{12}$

5 目の数の差が3になるのは，6通りです。
よって，確率は$\frac{6}{36}=\frac{1}{6}$

6 平行線の錯角は等しいから，∠ADB＝∠EBCであることを利用します。